普通高等教育"十三五"规划教材

新世纪新理念高等院校数学教学改革与教材建设精品教材

概率论与数理统计

主编:王刈禾　　王成勇

U0349994

华中师范大学出版社

内 容 提 要

《概率论与数理统计》是高等院校理工科各专业的必修课程,本书共 9 章,内容包括:随机事件与概率、随机变量及其分布、多维随机变量及其分布、随机变量的数字特征、大数定律与中心极限定理、数理统计的基本概念、参数估计、假设检验、回归分析,各章末均设有适量习题,供读者练习。

本书可作为普通高等院校非数学专业学生的概率统计课程教材,适用于理工、经济、金融、管理等专业。

新出图证(鄂)字 10 号

图书在版编目(CIP)数据

概率论与数理统计/王刘禾,王成勇主编.—武汉:华中师范大学出版社,2017.8
(2020.8 重印)
(普通高等教育"十三五"规划教材/新世纪新理念高等院校数学教学改革与教材建设精品教材)
ISBN 978-7-5622-7878-8

Ⅰ.①概… Ⅱ.①王… ②王… Ⅲ.①概率论-高等学校-教材②数理统计-高等学校-教材 Ⅳ.①O21

中国版本图书馆 CIP 数据核字(2017)第 171888 号

概率论与数理统计

Ⓒ王刘禾 王成勇 主编

责任编辑:袁正科	责任校对:罗 艺	封面设计:胡 灿
编 辑 室:第二编辑室	电 话:027—67867364	
出版发行:华中师范大学出版社		
社 址:湖北省武汉市珞喻路 152 号	邮 编:430079	
销售电话:027—67863426/67861549(发行部)		
网 址:http://press.ccnu.edu.cn	电子信箱:press@mail.ccnu.edu.cn	
印 刷:武汉兴和彩色印务有限公司	督 印:刘 敏	
开 本:787mm×1092mm 1/16	印 张:11.25	字 数:260 千字
版 次:2017 年 8 月第 1 版	印 次:2020 年 8 月第 2 次印刷	
印 数:4001—8000	定 价:28.50 元	

欢迎上网查询、购书

普通高等教育"十三五"规划教材

新世纪新理念高等院校数学教学改革与教材建设精品教材

丛书编写委员会

丛书主编:朱长江　彭双阶

执行主编:何　穗

编　　委:(以姓氏笔画为序)

王成勇(湖北文理学院)

左可正(湖北师范学院)

刘宏伟(华中师范大学)

朱玉明(荆楚理工学院)

肖建海(湖北工程学院)

陈生安(湖北科技学院)

沈忠环(三峡大学)

张　青(黄冈师范学院)

邹庭荣(华中农业大学)

赵临龙(安康学院)

梅汇海(湖北第二师范学院)

丛书总序

未来社会是信息化的社会,以多媒体技术和网络技术为核心的信息技术正在飞速发展,信息技术正以惊人的速度渗透到教育领域中,正推动着教育教学的深刻变革。在积极应对信息化社会的过程中,我们的教育思想、教育理念、教学内容、教学方法与手段以及学习方式等方面已不知不觉地发生了深刻的变革。

现代数学不仅是一种精密的思想方法、一种技术手段,更是一个有着丰富内容和不断向前发展的知识体系。《国家中长期教育改革和发展规划纲要(2010—2020年)》指明了未来十年高等教育的发展目标:"全面提高高等教育质量"、"提高人才培养质量"、"提升科学研究水平"、"增强社会服务能力"、"优化结构办出特色"。这些目标的实现,有赖于各高校进一步推进数学教学改革的步伐,借鉴先进的经验,构建自己的特色。而数学作为一个基础性的专业,承担着培养高素质人才的重要作用。因此,新形势下高等院校数学教学改革的方向、具体实施方案以及与此相关的教材建设等问题,不仅是值得关注的,更是一个具有现实意义和实践价值的课题。

为推进教学改革的进一步深化,加强各高校教学经验的广泛交流,构建高校数学院系的合作平台,华中师范大学数学与统计学学院和华中师范大学出版社充分发挥各自的优势,由华中师范大学数学与统计学学院发起,诚邀华中和周边地区部分颇具影响力的高等院校,面向全国共同开发这套"新世纪新理念高等院校数学系列精品教材",并委托华中师范大学出版社组织、协调和出版。我们希望,这套教材能够进一步推动全国教育事业和教学改革的蓬勃兴盛,切实体现出教学改革的需要和新理念的贯彻落实。

总体看来,这套教材充分体现了高等学校数学教学改革提出的新理念、新方法、新形式。如目前各高等学校数学教学中普遍推广的研究型教学,要求教师少讲、精讲,重点讲思路、讲方法,鼓励学生的探究式自主学习,教师的角色也从原来完全主导课堂的讲授者转变为学生自主学习的推动者、辅导者,学生转变为教学活动的真正主体等。而传统的教材完全依赖教师课堂讲授、将主要任务交给任课教师完成、学生依靠大量的被动练习应对考试等特点,已不能满足这种新教学改革的推进。如果再叠加脱离时空限制的网络在线教学等教学方式带来的巨大挑战,传统教材甚至已成为教学改革的严重制约因素。

基于此,我们这套教材在编写的过程中注重突出以下几个方面的特点:

一是以问题为导向、引导研究性学习。教材致力于帮助学生解决实际的数学问题,并运用所学的数学知识解决实际生活问题为导向,设置大量的研讨性、探索性、应用性问题,鼓励学生在教师的辅导、指导下于课内课外自主学习、探究、应用,以加深对所学数学知识的理解、反思,提高其实际应用能力。

二是精选内容、逻辑清晰。整套教材在各位专家充分研讨的基础上,对课堂教学内容进一步精炼浓缩,以应对课堂教学时间、教师讲授时间压缩等方面的变革;与此同时,教材还在各教学内容的结构安排方面下了很大的功夫,使教材的内容逻辑更清晰,便于教师讲授和学生自主学习。

三是通俗易懂、便于自学。为了满足当前大学生自主学习的要求,我们在教材编写的过程中,要求各教材的语言生动化、案例更切合生活实际且趣味化,如通过借助数表、图形等将抽象的概念用具体、直观的形式表达,用实例和示例加深对概念、方法的理解,尽可能让枯燥、烦琐的数学概念、数理演绎过程通俗化,降低学生自主学习的难度。

当然,教学改革的快速推进不断对教材提出新的要求,同时也受限于我们的水平,这套教材可能离我们理想的目标还有一段距离,敬请各位教师,特别是当前教学改革后已转变为教学活动"主体"的广大学子们提出宝贵的意见!

朱长江

于武昌桂子山

2013 年 7 月

前　言

　　随着科学技术的迅速发展,概率论与数理统计作为现代数学的重要分支,在自然科学、社会科学和工程技术领域的应用也越来越广泛。计算机的迅速普及为概率统计在经济、管理、金融、保险、生物、医学等方面的深入应用提供了便利的计算条件,各种简便易用的统计软件为非专业者应用概率统计知识解决实际问题提供了广阔的空间。正是概率统计的这种广泛应用性,使得它成为当前各类专业大学生最重要的数学必修课之一。

　　由于概率论与数理统计研究随机现象,与其他数学分支在思维模式、研究方法等方面有较大的差别,初学者在学习这门课程时容易困惑。而当前中学的新课程标准的改革与实行使得概率统计的基本概念在小学、中学阶段得以逐步建立,这为大学的概率统计课程教学提供了相对较好的基础。本书在编写过程中考虑到概率统计的内容和研究方法区别于其他数学分支的特殊性和应用的广泛性,以及学生在中学阶段学习的基础,在内容取舍上兼顾了以下几点:在保持论述严密性的同时适当省略掉复杂的证明过程;对于基本概念,紧密联系其应用背景并配合合适的例题加以解释,便于读者正确领会概念的内涵;在组织例题和习题时注重知识的广泛应用性及其扩展性。

　　本书分为两大部分,第一部分由前5章组成,讲述概率论的有关基础知识,第1章结合中学的知识基础回顾并深入学习事件的概率计算方法,第2、3、4章结合高等数学的相关知识结构引入随机变量及其分布函数,建立各类常用概率分布模型,运用微积分的有关知识来系统地研究各类概率计算问题,第5章介绍了随机变量序列的大数定律和中心极限定理。第二部分由后4章组成,分别讲授数理统计的基本概念、参数估计、假设检验和线性回归分析,附录中还给出了统计分布间的关系,常用概率分布表及常用概率统计表。在讲授过程中,老师可根据各专业的不同需要适当选讲部分内容。

　　本书第1~5章的概率论部分由王刘禾执笔,第6~9章的数理统计部分由王成勇执笔,全书由王刘禾统稿、定稿。孟义杰、郭安学、王彬彬、卢方芳、张旻嵩、张金玲、潘德林为本书的编写工作提出了大量的修改建议,在此对他们一并表示感谢。限于编者水平,书中难免存在诸多不妥,欢迎广大读者批评指正。

编者

2017年5月

目　录

第 1 章

随机事件与概率

　　人们在社会实践和科学实验中,所观察到的现象千变万化。一类现象是在确定的条件下它的结果也是确定的,条件与结果之间具有因果关系,我们称之为必然现象或确定性现象,如"树上的苹果向地面掉落"、"三角形三内角和等于两直角"等。研究确定性现象时使用的数学学科门类很多,如数学分析、代数、几何等。

　　另一类现象,在确定的条件下它的结果不确定,在相同条件下重复试验,每次的结果并不必然相同,我们称之为偶然现象或**随机现象**。例如,抛一枚硬币,结果可能是"正面向上"或"反面向上",事先无法确定出现哪个结果;某公司生产的同一型号批次的电视机,使用寿命并不相同。

　　人们发现,尽管随机现象的结果无法预知,但是大量重复试验时,其结果呈现某种规律性,"偶然中存在必然"。例如,很多次重复抛掷硬币,正面向上的次数与抛掷次数之比总是在 50% 左右,同一型号批次的电视机使用寿命也按照一定的规律分布。

　　在大量重复试验中,随机现象呈现的规律性,我们称之为**统计规律性**。

　　概率论与数理统计是研究随机现象统计规律性的一门数学学科。

1.1　样本空间与随机事件

1.1.1　随机试验

　　这里试验一词含义广泛,对现象的观察或各种科学实验都称为试验。

　　概率论研究大量重复的随机现象。对于不能重复的个别现象,如"公元 626 年李世民即皇帝位"这种历史现象,是必然的还是偶然的以及其规律性研究属于社会科学范畴。我们把概率论研究的随机现象规范为**随机试验**,一般用 E 表示随机试验。

　　随机试验具有以下特点:

　　(1)试验可以在相同的条件下重复进行;

　　(2)每次试验的可能结果不止一个,试验前明确知道所有的可能结果;

　　(3)试验前不能确定本次试验的结果。

　　例如,随机试验 E:抛掷一枚硬币,观察正面 H、反面 T 出现的情况,请读者说明这个试验具有随机试验的三个特点。

　　在实际应用中,有些随机现象是否可以在相同的条件下重复进行是值得斟酌的,例如足球赛,两支球队的历史战绩并不能看成重复试验的结果,尽管球队队名不变,球员、教练及其年龄、技术水平等都在变化,但是我们仍然可以设想比赛是可以重复进行的,通常将球队比赛诸如此类的不能绝对意义上重复进行,但设想可以重复进行的试验,当作随机试验,纳入到概率论与数理统计的应用范围。

1.1.2　样本空间

随机试验 E 的所有可能结果构成的集合称为 E 的**样本空间**,记为 Ω,样本空间的元素,即随机试验的每个结果,称为**样本点**。

例 1.1　随机试验 E:抛一枚骰子,观察出现的点数,随机试验 E 的样本空间可以记为

$$\Omega = \{1,2,3,4,5,6\}.$$

例 1.2　抛一枚硬币两次,若观察正面 H、反面 T 出现的情况,样本空间可以记为
$$\Omega_1 = \{HH, HT, TH, TT\};$$

若观察统计正面向上次数,样本空间可以记为
$$\Omega_2 = \{0,1,2\}.$$

这些随机试验的样本空间是有限集。

例 1.3　统计放射源在某一时段放射的粒子数,样本空间可以记为
$$\Omega = \{0,1,2,3,\cdots\}.$$

这个随机试验一般不界定放射粒子数的上限,认为所有可能的结果的集合为自然数集,样本空间是一个可列集。

例 1.4　记录某型号电视机使用寿命,样本空间可以记为
$$\Omega = \{t \mid t \geqslant 0\}.$$

电视机使用寿命可以是任意非负实数,样本空间是无限区间。

对于一个集合,其中元素的多少是最基本的问题之一。

对两个集合 A、B,如果存在从集合 A 到集合 B 的一一映射,则称集合 A 与 B 对等,也称集合 A 与 B 的基数或势是相同的。基数是有限集元素个数概念的推广。

集合是无限集的充要条件是该集合与某个真子集对等。

例如,$f: n \to 2n, n \in \mathbf{N}$,是自然数集到非负偶数集的一一映射,说明自然数集和非负偶数集的元素"一样多"。

与自然数集对等的集合称为可列集。集合与自然数集一一对应,相当于把集合中的元素排队。

任一无限集包含可列集。可列集是"最小的"无限集,有理数集是可列集。

有限集和可列集统称为可数集,因此,可列集也可称为可数无限集。

区间不是可数集,其基数称为连续基数。

本书涉及的集合包括有限集、可列集、区间。

1.1.3　随机事件

样本空间的子集称为**随机事件**,简称为**事件**,常用大写字母 A,B,C 等表示。

当样本空间是有限集或可列集时,每个子集都可以是随机事件,当样本空间是不可列

的无限集(例如区间)时,严格来说,一些子集必须排除在事件之外,不过需要排除的子集在实际应用中几乎不会遇到,本书不予考虑。

单个样本点构成的单点集称为基本事件。后面不区分作为元素的样本点和作为子集的单点集。

特别地,样本空间 Ω 是自身的子集,称为**必然事件**;空集 $\varnothing$ 称为**不可能事件**。这两个事件并不是随机的,都是必然的(每次试验必然发生和必然不发生),作为特例列入随机事件。

例 1.5　在例 1.1 中,随机试验 E:抛一枚骰子,观察出现的点数,随机试验 E 的样本空间可以记为 $\Omega = \{1,2,3,4,5,6\}$。

随机事件 A:"出现 2 点",即 $A = \{2\}$,这是一个基本事件;

随机事件 B:"出现偶数点",即 $B = \{2,4,6\}$;

随机事件 C:"出现点数不超过 3",即 $C = \{1,2,3\}$;

而事件"出现点数不超过 7"是必然事件,即 $\Omega = \{1,2,3,4,5,6\}$;"出现点数超过 7"是不可能事件,即 $\varnothing$。

随机试验的每一个可能结果作为单点集构成基本事件,而满足一些条件的若干个可能结果的集合构成事件。我们讨论事件时,只需要知道随机试验可能有哪些结果,并不需要知道试验已经出现哪个结果。随机事件是一个名词结构,表示随机试验可能的情形,并不表示随机试验结果确定了的情形。

每次随机试验,出现且仅出现所有可能结果中的一个,设随机试验出现了结果 ω,对于随机事件 A,若 $\omega \in A$,则称事件 A 发生。

在上例中,若试验的结果是出现了 2 点,则事件随机事件 A:"出现 2 点"、随机事件 B:"出现偶数点"、随机事件 C:"出现点数不超过 3"这三个事件都发生。

若试验的结果是出现了 3 点,则事件随机事件 A:"出现 2 点"不发生、随机事件 B:"出现偶数点"不发生、随机事件 C:"出现点数不超过 3"发生。

"出现点数不超过 7"是必然事件,必然事件必然发生,"出现点数超过 7"是不可能事件,不可能事件必然不发生。

在实际应用中,问题的描述大多数是文字表达,不如数学表达清晰。这时要注意辨析随机事件与随机事件发生,正确理解表达的含义。

设有一次某班评优活动,赵云是该班的一名同学,辨析下面几种表达的意义:

(1)赵云被评为优秀;

(2)"赵云被评为优秀"这一事件;

(3)"赵云被评为优秀"这一事件没有发生;

(4)"赵云被评为优秀"这一事件是不可能事件。

其中,(1)是陈述句,表示评选已有结果,赵云已经被评为优秀;(2)是名词结构,表示一种可能的结果,我们分析这个表达时,并不需要评选已有结果;(3)是陈述句,表示评选已有结果,赵云没有被评为优秀;(4)是陈述句,表示在评选前就可断定赵云不可能被评为优秀。

在本小节,我们用双引号把随机事件与陈述句区分开来,后面经常会省略双引号,这时一个表达是表示事件还是陈述句,需要读者自己从上下文判断。

1.1.4 事件的关系与运算

事件是样本空间的子集,事件间的关系与事件的运算即为集合间的关系与集合的运算。这是数学理论的处理方法,并不适合应用,我们要兼顾概率论与数理统计的理论和应用,对于这些关系和运算进行叙述时,既要突出集合论中的子集是概率论中的事件的特点,也要考虑实际应用中用日常用语描述随机事件的特点。

1. 事件的包含与相等

若事件 A 发生必然导致事件 B 发生,则称事件 A **包含于**事件 B,或称事件 B **包含**事件 A,记为 $A \subset B$ 或 $B \supset A$。

若 $A \subset B$ 且 $B \subset A$,则称事件 A 与事件 B **相等**,记为 $A = B$。

例如,向靶子射击一次,A 表示"击中十环",B 表示"中靶",则 $A \subset B$。从集合的角度,十环区域是靶子区域的子集;从事件的角度,弹孔看成靶子上的一个点,靶子上有这个点则称事件 B 发生,这个点在十环区域则称事件 A 发生,"击中十环"必然导致"中靶"。

例 1.6 抛一枚硬币 3 次,事件 A 表示"正好二次正面向上",事件 B 表示"至少二次正面向上",事件 C 表示"至少一次正面向上",事件 D 表示"至多一次反面向上",说明事件 A, B, C, D 的关系。

解 考察抛一枚硬币 3 次时正面向上的次数,样本空间 $\Omega = \{0, 1, 2, 3\}$,则
$$A = \{2\}, B = \{2, 3\}, C = \{1, 2, 3\}, D = \{2, 3\},$$
可见
$$A \subset B = D \subset C。$$

2. 事件的和

"事件 A、B 至少有一个发生"这一事件称为事件 A、B 的**和事件**,记为 $A \bigcup B$。

类似地,"事件 $A_1, A_2, \cdots, A_n$ 至少有一个发生"这一事件称为事件 $A_1, A_2, \cdots, A_n$ 的和事件,记为 $\bigcup_{i=1}^{n} A_i$;"可列个事件 $A_1, A_2, \cdots, A_n, \cdots$ 至少有一个发生"这一事件称为可列个事件 $A_1, A_2, \cdots, A_n, \cdots$ 的和事件,记为 $\bigcup_{i=1}^{\infty} A_i$。

3. 事件的积

"事件 A、B 同时发生"这一事件称为事件 A、B 的**积事件**,记为 $A \bigcap B$ 或 AB。

类似地,"事件 $A_1, A_2, \cdots, A_n$ 同时发生"这一事件称为事件 $A_1, A_2, \cdots, A_n$ 的积事件,记为 $\bigcap_{i=1}^{n} A_i$;"可列个事件 $A_1, A_2, \cdots, A_n, \cdots$ 同时发生"这一事件称为可列个事件 $A_1, A_2, \cdots, A_n, \cdots$ 的积事件,记为 $\bigcap_{i=1}^{\infty} A_i$。

4. 事件的差

"事件 A 发生且 B 不发生"这一事件称为事件 A 与事件 B 的**差事件**,记为 $A - B$。

第 1 章　随机事件与概率　5

5. 事件的互不相容（互斥）

若事件 A、B 不可能同时发生，即 $A \cap B = \varnothing$，则称事件 A、B 是**互不相容**的事件，或**互斥**的事件。

6. 逆事件、对立事件

若事件 A、B 不可能同时发生，又必然有一个事件发生，即若

$$A \cap B = \varnothing, A \cup B = \Omega,$$

则称事件 A、B 是**对立事件**，或称事件 B 是事件 A 的**逆事件**，同时事件 A 是事件 B 的逆事件，也称事件 A、B 互为逆事件。

事件 A 的逆事件，记为 $\overline{A}$，表示"A 不发生"这一事件。

事件 A、B 是对立事件，表示事件的关系，事件 A 的逆事件，是事件的运算。显然有

$$\overline{\overline{A}} = A, A \cap \overline{A} = \varnothing, A \cup \overline{A} = \Omega。$$

事件的差和逆有如下关系：

$$\overline{A} = \Omega - A, A - B = A\overline{B} = A - AB。$$

若事件 A、B 是对立事件，则事件 A、B 是互不相容事件。

参照集合论方法，用文氏图直观地表示事件的关系与运算，矩形表示样本空间 Ω，矩形中的点表示样本点，圆表示事件，阴影部分表示运算结果。

再次强调，事件 A 发生不是指 A 中任意样本点都发生，而是指存在且仅存在一个样本点发生，且这个样本点属于 A。不能把事件 A 发生解释为表示事件 A 的圆整体发生。

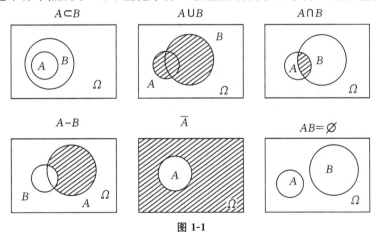

图 1-1

事件的运算满足如下关系性质：

交换律：$A \cup B = B \cup A, A \cap B = B \cap A$；

结合律：$A \cup (B \cup C) = (A \cup B) \cup C$，

　　　　$A \cap (B \cap C) = (A \cap B) \cap C$；

分配律：$A \cup (B \cap C) = (A \cup B) \cap (A \cup C)$，

　　　　$A \cap (B \cup C) = (A \cap B) \cup (A \cap C)$；

德·摩根律：$\overline{A \cup B} = \overline{A} \cap \overline{B}, \overline{A \cap B} = \overline{A} \cup \overline{B}$。

例 1.7　在数学系的学生中任取一名学生,事件 A 表示"该生是男生",事件 B 表示"该生是运动员"。

(1) 叙述 $A \cup B$、AB、$\overline{B}$的意义;

(2) 叙述$\overline{A \cup B}$、$\overline{A}\,\overline{B}$、$\overline{AB}$ 的意义。

(3) 在什么条件下 $B \subset A$?

(4) 在什么条件下 $B = A$?

解　(1)$A \cup B$ 表示"该生是男生或运动员"这一事件;AB 表示"该生是男生且运动员"这一事件,即"该生是男运动员";$\overline{B}$ 表示"该生非运动员"这一事件,即"该生不是运动员"。

(2)$\overline{A \cup B}$ 表示"该生不是男生或运动员"这一事件,即"该生是女生非运动员";

$\overline{A}\,\overline{B}$ 表示"该生不是男生且不是运动员"这一事件,即"该生是女生非运动员";

$\overline{AB}$ 表示"该生不是男运动员"这一事件。

(3) 全系的运动员都是男生时,$B \subset A$。

(4) 全系的运动员都是男生,且全系男生都是运动员时,$B = A$。

读者要熟悉数学表示的事件的关系和运算,也要熟悉在应用中用日常语言表示的事件的关系和运算,在日常语言中,和、积、逆三个运算对应的连接词是或、且、非。利用事件的运算可以把复杂事件分解成简单事件。

例 1.8　若 A,B,C 是三个事件,则

"事件 A 与 B 都发生而 C 不发生"表示为 $AB\overline{C}$ 或 $AB - C$ 或 $AB - ABC$;

"A,B,C 三个事件都发生"表示为 ABC;

"A,B,C 三个事件恰好发生一个"表示为 $A\overline{B}\,\overline{C} \cup \overline{A}B\overline{C} \cup \overline{A}\,\overline{B}C$;

"A,B,C 三个事件恰好发生两个"表示为 $AB\overline{C} \cup A\overline{B}C \cup \overline{A}BC$;

"A,B,C 三个事件至少发生一个"表示为 $A \cup B \cup C$。

例 1.9　一电路系统由元件 A、B 并联所得的线路再与元件 C 串联而成,如图 1-2 所示。若以 A,B,C 表示相应元件通路事件,那么事件

$$W = \text{"系统通路"} = \text{"元件} A、B \text{至少一个通路并且} C \text{通路"}$$
$$= (A \cup B)C = AC \cup BC。$$

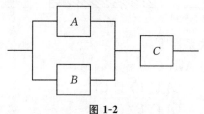

图 1-2

日常语言较为随意,词意、语意常有歧义,而数学表达需要精准,必须明确词意、语意。

"或",日常语言中有"可兼的"和"不可兼的"两种含义。说"A 或 B"时,有时指 A 且非 B、B 且非 A、A 和 B 同时三种情形,这是"可兼的",如"男生或团员都参加义务劳动";另一

时候又会仅指上述三种情形中的前两种，不包含 A 和 B 同时这种情形，这是"不可兼的"，如"周末准备去公园或看电影"，应该有人认为不包含既去公园又看电影这种情形。数学（逻辑）中的"或"是"可兼的"。

"有"在日常语言中有"至少有"、"有且仅有"两种含义，数学的表示分别是"大于等于"、"等于"。如"我有一元钱"有时指"我至少有一元钱"，有时指"我有且仅有一元钱"。为区分这两种情形，本书用"正好有"、"恰有"等来表示"有且仅有"。

"是"在日常语言中有"等于"、"属于、包含于"两种含义。在定义中"是"指"等于"，如"大于零的整数是正整数"；一般叙述中，"是"指"属于、包含于"，如"老虎是动物"。我国古代著名逻辑辩论"白马非马"，实际上是"是"的两种含义的辩论。白马的集合包含于马的集合，若"是"指"属于、包含于"，则白马是马；白马的集合不等于马的集合，若"是"指"等于"，则白马非马。

1.2　频率和概率

对于一个事件 A 来说，它在一次试验中可能发生，也可能不发生。为了分析事件 A 在一次试验中发生可能性的大小，我们可将试验重复多次，考察 A 发生的频数，进而考察事件 A 发生的频繁程度。为此，我们引入频率的概念。

1.2.1　频率

定义1.1　在相同的条件下，重复进行了 n 次试验，在这 n 次试验中，事件 A 发生的次数 n_A 称为事件 A 发生的**频数**，比值 $\dfrac{n_A}{n}$ 称为事件 A 发生的**频率**，并记为 $f_n(A)$，即

$$f_n(A) = \frac{n_A}{n}。 \tag{1.1}$$

例 1.10　掷一枚硬币 10 次，正面共出现 6 次，记 $A = \{$出现正面$\}$，则 $f_{10}(A) = \dfrac{3}{5}$。

例 1.11　某人打靶 15 次，每次考察中靶环数，其中有 4 次中 8 环，记 $B = \{$中 8 环$\}$，则 $f_{15}(B) = \dfrac{4}{15}$。

从定义中，易见频率具有下述基本性质：

(1) 对任意事件 A，都有 $f_n(A) \geqslant 0$（非负性）；

(2) $f_n(\Omega) = 1$（规范性）；

(3) 若 $A_1, A_2, \cdots, A_k$ 是两两互不相容的事件，则
　　$f_n(A_1 \bigcup A_2 \bigcup \cdots \bigcup A_k) = f_n(A_1) + f_n(A_2) + \cdots + f_n(A_k)$（可加性）。

由于事件 A 发生的频率是它发生的次数与试验次数之比，其大小表示 A 发生的频繁程度。频率大，事件 A 发生就频繁，这意味着 A 在一次试验中发生的可能性就大，反之亦然。因而，直观的想法是用频率来表示 A 在一次试验中发生的可能性的大小。

例 1.12　考察英语中特定字母出现的频率，当观察字母的个数 n（试验的次数）较小

时,频率有较大幅度的随机波动,但当 n 增大时,频率呈现出稳定性。下面就是一份英文字母频率的统计表[①]:

字母	频率	字母	频率	字母	频率
E	0.1268	L	0.0394	P	0.0186
T	0.0978	D	0.0389	B	0.0156
A	0.0788	U	0.0280	V	0.0102
O	0.0776	C	0.0268	K	0.0060
I	0.0707	F	0.0256	X	0.0016
N	0.0706	M	0.0244	J	0.0010
S	0.0634	W	0.0214	Q	0.0009
R	0.0594	Y	0.0202	Z	0.0006
H	0.0573	G	0.0187		

大量实验证实,当重复试验的次数 n 增大时,频率 $f_n(A)$ 呈现出稳定性,逐渐稳定于某个常数,这种"频率稳定性"即通常所说的统计规律性。若让试验重复大量次数,用频率 $f_n(A)$ 来表征事件 A 发生可能性的大小也是合适的。

在一定的条件下重复进行试验,如果随着试验次数 n 增加,事件 A 发生在这 n 次试验中发生的频率 $f_n(A)$ 稳定在某一数值 p 附近,在应用中,称数值 p 为事件 A 在这个一定条件下的概率,记作

$$P(A) = p。$$

上面给出了应用中测定具体事件的概率的一个方法,称为**概率的统计定义**。可以理解为概率是刻画随机事件发生可能性大小的一个数,而频率是概率的表现,当试验次数充分大时,频率稳定于概率,可以将频率作为概率的估计值。

1.2.2 概率

在描述事件发生可能性的大小时,由于频率与试验次数有关,为了克服这个矛盾和理论研究的需要,我们从频率的稳定性和频率的性质得到启发,给出一个事件发生可能性大小的数学表述 —— **概率**。

定义 1.2 设 E 是随机试验,Ω 是它的样本空间。对于 E 的每一事件 A 都对应于一个实数,记为 $P(A)$(显然 $P(A)$ 是一个集合函数),称为事件 A 的**概率**,如果集合函数 $P(*)$ 满足下列条件:

(1) **非负性**:对于每一个事件 A,有 $P(A) \geqslant 0$;

(2) **规范性**:对于必然事件 Ω,有 $P(\Omega) = 1$;

[①] 这是由 Dewey,G 统计了约 438023 个字母得到的,引自 Relative Frequency of English Spellings(Teachers College Press,Columbia University,New York,1970)。

(3) **可列可加性**：设 $A_1, A_2, \cdots, A_n, \cdots$ 是两两互不相容的事件,即对于 $i \neq j, A_i A_j = \varnothing$,有

$$P(A_1 \bigcup A_2 \bigcup \cdots \bigcup A_n \bigcup \cdots) = P(A_1) + P(A_2) + \cdots + P(A_n) + \cdots。$$

概率的这个定义才是数学意义上的,称为概率的公理化定义,而概率的统计定义等可以给出实际应用中具体事件的概率,是物理意义上的。正如数学定义长度,而测量实物长度却是物理学范畴。

可列可加性的要求源于区间长度的可列可加性,将一个区间分割成可列个互不相交的小区间,区间的长度等于这些小区间长度和。注意点的长度为零,区间长度不等于每个点的长度和,区间作为点的集合不是可列的,概率和长度并不满足这个层次的可加性。

在第 5 章中将证明,当 $n \to \infty$ 时频率 $f_n(A)$ 在一定意义下接近于概率 $P(A)$。基于这一事实,我们就有理由将概率 $P(A)$ 用来表征事件 A 在一次试验中发生的可能性的大小。

由概率的定义可以推得概率的一些重要性质。

性质 1　$P(\varnothing) = 0$。

证　令 $A_n = \varnothing (n = 1, 2, \cdots, k, \cdots)$,则 $\varnothing = \bigcup\limits_{n=1}^{\infty} A_n$,且 $A_i A_j = \varnothing (i \neq j)$,由概率的可列可加性得

$$P(\varnothing) = P(\bigcup\limits_{n=1}^{\infty} A_n) = \sum\limits_{n=1}^{\infty} P(A_n) = \sum\limits_{n=1}^{\infty} P(\varnothing),$$

由于 $P(\varnothing) \geqslant 0$,故由上式可知 $P(\varnothing) = 0$。

性质 2　(有限可加性) 若 $A_1, A_2, \cdots, A_n$ 是两两互不相容的事件,则

$$P(\bigcup\limits_{i=1}^{n} A_i) = \sum\limits_{i=1}^{n} P(A_i), \tag{1.2}$$

上式称为概率的**有限可加性**。

证　令 $A_{n+1} = A_{n+2} = \cdots = \varnothing$,即有 $A_i A_j = \varnothing (i \neq j)$,则

$$P(\bigcup\limits_{i=1}^{n} A_i) = P(\bigcup\limits_{i=1}^{\infty} A_i) = \sum\limits_{i=1}^{\infty} P(A_i) = \sum\limits_{i=1}^{n} P(A_i)。$$

性质 3　设 A, B 是两个事件,若 $A \subset B$,则有

$$P(B - A) = P(B) - P(A); \tag{1.3}$$

$$P(B) \geqslant P(A)。 \tag{1.4}$$

证　由 $A \subset B$ 知, $B = A \bigcup (B - A)$,且 $A(B - A) = \varnothing$,再由概率的有限可加性 (1.2) 式得

$$P(B) = P(A) + P(B - A),$$

又由概率的非负性知 $P(B - A) \geqslant 0$,所以有

$$P(B) \geqslant P(A)。$$

性质 4　对于任意一个事件 $A, P(A) \leqslant 1$。

证　因为 $A \subset \Omega$,所以

$$P(A) \leqslant P(\Omega) = 1。$$

性质 5 （逆事件的概率）对于任意一个事件 A，有

$$P(\overline{A}) = 1 - P(A)。 \tag{1.5}$$

证   因 $A \cup \overline{A} = \Omega$，且 $A\overline{A} = \varnothing$，于是

$$1 = P(\Omega) = P(A \cup \overline{A}) = P(A) + P(\overline{A}),$$

所以

$$P(\overline{A}) = 1 - P(A)。$$

性质 6 （加法公式）对于任意两事件 A,B，有

$$P(A \cup B) = P(A) + P(B) - P(AB)。 \tag{1.6}$$

证   因 $A \cup B = A \cup (B - AB)$，且 $A(B - AB) = \varnothing$，$AB \subset B$，由（1.2）式和（1.3）式得

$$P(A \cup B) = P(A) + P(B - AB) = P(A) + P(B) - P(AB)。$$

（1.6）式还能推广到多个事件的情况。

例如，设 A,B,C 是三个事件，则有

$$P(A \cup B \cup C) = P(A) + P(B) + P(C) - P(AB) - P(AC) - P(BC) + P(ABC)。$$

事实上，

$$\begin{aligned} P(A \cup B \cup C) &= P[(A \cup B) \cup C] \\ &= P(A \cup B) + P(C) - P[(A \cup B)C] \\ &= P(A) + P(B) - P(AB) + P(C) - [P(AC) + P(BC) - P(ABC)] \\ &= P(A) + P(B) + P(C) - P(AB) - P(AC) - P(BC) + P(ABC)。 \end{aligned}$$

一般地，对于任意 n 个事件 $A_1, A_2, \cdots, A_n$，可由归纳法得

$$P(A_1 \cup A_2 \cup \cdots \cup A_n) = \sum_{i=1}^{n} P(A_i) - \sum_{1 \leqslant i < j \leqslant n} P(A_i A_j) + \sum_{1 \leqslant i < j < k \leqslant n} P(A_i A_j A_k) + \cdots$$
$$+ (-1)^{n-1} P(A_1 A_2 \cdots A_n)。$$

1.3   古典概型

对某一类随机试验（如掷一颗骰子，观察它出现的点数），它具有如下特征：

（1）样本空间的元素（即基本事件）只有有限个（n 个），并记样本空间为

$$\Omega = \{\omega_1, \omega_2, \cdots, \omega_n\};$$

（2）每个基本事件出现的可能性是相等的，即有

$$P(\{\omega_1\}) = P(\{\omega_2\}) = \cdots = P(\{\omega_n\})。$$

这个数学模型称为**古典概型**，也称**等可能概型**。

古典概型这一概念具有直观、容易理解的特点，有着广泛的应用。下面我们来讨论古典概型中事件概率的计算公式。

设试验 E 的样本空间为 $\Omega = \{\omega_1, \omega_2, \cdots, \omega_n\}$，由于在试验中每个基本事件发生的可能性相同，又由于基本事件是两两互不相容的，于是

$$1 = P(\Omega) = P(\{\omega_1\} \bigcup \{\omega_2\} \bigcup \cdots \bigcup \{\omega_n\})$$
$$= P(\{\omega_1\}) + P(\{\omega_2\}) + \cdots + P(\{\omega_n\}) = nP(\{\omega_i\}),$$

所以有

$$P(\{\omega_i\}) = \frac{1}{n}(i = 1, 2, \cdots, n)。$$

设事件 A 包含 k 个基本事件,即 $A = \{\omega_{i_1}, \omega_{i_2}, \cdots, \omega_{i_k}\}$,这里 $i_1, i_2, \cdots, i_k$ 是 $1, 2, \cdots, n$ 中某 k 个不同的数,则有

$$P(A) = \sum_{j=1}^{k} P(\{\omega_{i_j}\}) = \frac{k}{n} = \frac{A \text{ 中所含基本事件数}}{\text{样本空间基本事件总数}}。 \tag{1.7}$$

(1.7)式就是等可能概型中事件 A 的概率的计算公式。

古典概型需要预先知道每个基本事件出现的概率相等。在应用中,对实际问题建立概率模型时,等可能性常需要自己判定。

例如,抛掷硬币的试验,我们忽略"硬币不见了"、"硬币抛破了,一半正,一半反"、"硬币竖起来了"等稀有结果,只考虑"正面向上"和"反面向上"两个可能的结果。根据正反两面的对称性,可以认为这两个基本事件是等可能的。

抛掷骰子的试验,如果骰子是正方体且材质均匀,也可以根据对称性认定等可能性。至于为什么对称就等可能,这是经验而不是逻辑得到的,可以大量重复试验观察频率来证实经验,正常的骰子在大量试验时每面向上的频率都大致相同。骰子在大量试验时每面向上的频率差异较大一般是骰子形状不标准或材质不均匀(如灌水银骰子)等原因引起的。若是抛红砖,红砖是长方体,根据对称性,可以认为前后、左右、上下面向上的概率分别相等,但整体上不是等可能的。

抛一枚硬币两次,若观察正面 H、反面 T 出现的情况,样本空间可以记为
$$\Omega_1 = \{HH, HT, TH, TT\};$$

若观察统计正面向上次数,样本空间可以记为
$$\Omega_2 = \{0, 1, 2\}。$$

请读者思考这两种样本空间是否满足古典概型的等可能性要求。

例 1.13　将一枚硬币抛掷三次。(1)设事件 A_1 为"恰有一次出现正面",求 $P(A_1)$;(2)设事件 A_2 为"至少有一次出现正面",求 $P(A_2)$。

解　(1)我们用 H 表示"出现正面",用 T 表示"出现反面",则试验 E 的样本空间为
$$\Omega = \{HHH, HHT, HTH, THH, HTT, THT, TTH, TTT\},$$

而 $A_1 = \{HTT, THT, TTH\}$,Ω 中包含有限个元素,且由对称性知每个基本事件发生的可能性相同,故由(1.7)式,得 $P(A_1) = \dfrac{3}{8}$。

(2)由于 $\overline{A_2} = \{TTT\}$,于是
$$P(A_2) = 1 - P(\overline{A_2}) = 1 - \frac{1}{8} = \frac{7}{8}。$$

如果随机试验的样本空间满足古典概型的特征,接下来就是计算样本空间中基本事

件总数和事件包含的基本事件数。

概率论中常用的计数方法包括可重复排列、排列、组合等。

从 n 个不同元素中取出 m 个排成一列，元素可以重复选取，并考虑取出元素次序，称为可重复排列，可重复排列数（所有不同可重复排列的总数）

$$N = n^m;$$

从 n 个不同元素中取出 m 个不同元素排成一列，元素不能重复选取，考虑取出元素次序，称为排列，排列数（所有排列的总数）

$$A_n^m = n(n-1)\cdots(n-m+1) = \frac{n!}{(n-m)!};$$

从 n 个不同元素中取出 m 个不同元素组成一组，不考虑元素次序，称为组合，组合数（所有组合的总数）

$$C_n^m = \frac{A_n^m}{m!} = \frac{n!}{m!(n-m)!}。$$

例如，从 1、2、3 三个元素中取两个，可重复排列是 11,12,13,21,22,23,31,32,33，总数是 $N = 3^2 = 9$；排列是 12,13,21,23,31,32，总数是 $A_3^2 = 6$；组合是 $\{1,2\}$,$\{1,3\}$,$\{2,3\}$，总数是 $C_3^2 = 3$。

例 1.14　一口袋装有 6 只球，其中 4 只白球、2 只红球。从袋中取球两次，每次随机地取一只。考虑两种取球方式：(a) 第一次取一只球，观察其颜色后放回袋中，搅匀后再取一球，这种取球方式叫作**放回抽样**。(b) 第一次取一球不放回袋中，第二次从剩余的球中再取一球，这种取球方式叫作**不放回抽样**。试分别就上面两种情况求：(1) 取到的两只球都是白球；(2) 仅第一次取到白球；(3) 恰好取到一次白球；(4) 至少取到一次白球。

解　设
$A =$"取到的两只球都是白球"；$B =$"仅第一次取到白球"；
$C =$"恰好取到一只白球"；$D =$"至少取到一只白球"；

在袋中一次取两只球，每一种取法为一个基本事件，显然此时样本空间中仅包含有限个元素。且由对称性知每个基本事件发生的可能性相同，因而可利用古典概型来计算事件的概率。

(a) 放回抽样

放回抽样说明元素可以重复抽取，可以用可重复排列方法计数。

基本事件总数 $n = 6^2$；第一次从袋中取球有 6 只球可供抽取，第二次也有 6 只球可供抽取，由组合法的乘法原理，共有 6×6 种取法，即基本事件总数为 6×6。

事件 $A =$"取到的两只球都是白球"，包含的基本事件数 $n_A = 4^2$，则

$$P(A) = \frac{n_A}{n} = \frac{4^2}{6^2} = \frac{16}{36} = \frac{4}{9};$$

同样地

$$P(B) = \frac{n_B}{n} = \frac{4 \times 2}{6^2} = \frac{8}{36} = \frac{2}{9}; \quad P(C) = \frac{n_C}{n} = \frac{4 \times 2 + 2 \times 4}{6^2} = \frac{16}{36} = \frac{4}{9};$$

事件 $D = A \bigcup C$,且 A, C 互不相容,则

$$P(D) = P(A \bigcup C) = P(A) + P(C) = \frac{8}{9};$$

或

$$\overline{D} = \text{"取到的两只球都是红球"},$$

$$P(\overline{D}) = \frac{n_{\overline{D}}}{n} = \frac{2^2}{6^2} = \frac{4}{36} = \frac{1}{9},$$

$$P(D) = 1 - P(\overline{D}) = \frac{8}{9}。$$

(b) 不放回抽样

不放回抽样说明元素不能重复选取,可以用排列或组合方法计数,如果问题考虑次序,适合用排列计数,如果问题没有考虑次序,适合用组合计数。

Ⅰ. 排列

基本事件总数 $n = A_6^2 = 30$。

事件 $A = \text{"取到的两只球都是白球"}$,包含的基本事件数 $n_A = A_4^2 = 12$,则

$$P(A) = \frac{n_A}{n} = \frac{A_4^2}{A_6^2} = \frac{6}{15}。$$

同样地,有

$$P(B) = \frac{n_B}{n} = \frac{4 \times 2}{A_6^2} = \frac{4}{15}; P(C) = \frac{n_C}{n} = \frac{4 \times 2 + 2 \times 4}{A_6^2} = \frac{8}{15};$$

事件 $D = A \bigcup C$,且 A, C 互不相容,则

$$P(D) = P(A \bigcup C) = P(A) + P(C) = \frac{14}{15};$$

或

$$\overline{D} = \text{"取到的两只球都是红球"},$$

$$P(\overline{D}) = \frac{n_{\overline{D}}}{n} = \frac{A_2^2}{A_6^2} = \frac{1}{15},$$

$$P(D) = 1 - P(\overline{D}) = \frac{14}{15}。$$

Ⅱ. 组合

基本事件总数 $n = C_6^2 = 15$。

事件 $A = \text{"取到的两只球都是白球"}$,包含的基本事件数 $n_A = C_4^2 = 6$,则

$$P(A) = \frac{n_A}{n} = \frac{C_4^2}{C_6^2} = \frac{6}{15};$$

由于事件 $B = \text{"仅第一次取到白球"}$,考虑次序,不能用组合计数方法计算 $P(B)$,而

$$P(C) = \frac{n_C}{n} = \frac{C_4^1 C_2^1}{C_6^2} = \frac{8}{15};$$

事件 $D = A \bigcup C$,且 A, C 互不相容,则

$$P(D) = P(A \bigcup C) = P(A) + P(C) = \frac{14}{15};$$

或

$$\overline{D} = \text{“取到的两只球都是红球”}$$

$$P(\overline{D}) = \frac{n_{\overline{D}}}{n} = \frac{C_2^2}{C_6^2} = \frac{1}{15},$$

$$P(D) = 1 - P(\overline{D}) = \frac{14}{15}.$$

在放回抽样场合,计算 $C = $"恰好取到一只白球"之类事件的概率,可以用本章第6节的二项公式或第2章的二项分布;在不放回抽样场合计算 $P(C)$,适合用组合方法计数,随后有例题讨论,其一般情形称为超几何分布。

在上面的计算中,为了求和方便,分数保持了同一分母。

例 1.15 将 n 只球放入 $N(N \geqslant n)$ 个盒子中去,试求每个盒子至多有一只球的概率(设盒子的容量不限)。

解 将 n 只球放入 N 个盒子中去,每一种放法就是一个基本事件。易知,这是古典概率问题,因每一只球都可以放入 N 个盒子中的任一个盒子,故共有 $N \times N \times \cdots \times N = N^n$ 种不同的放法,而每个盒子中至多放一只球共有 $N(N-1)\cdots[N-(n-1)]$ 种不同放法,因而所求的概率为

$$p = \frac{N(N-1)\cdots(N-n+1)}{N^n} = \frac{A_N^n}{N^n}.$$

有许多问题和本例具有相同的数学模型。

例如,假设每人的生日在一年 365 天中的任一天是等可能的,即都等于 $\frac{1}{365}$,那么随机选取 $n(n \leqslant 365)$ 个人,他们的生日各不相同的概率为

$$\frac{365 \cdot 364 \cdots (365-n+1)}{365^n},$$

因而,n 个人中至少有两个人生日相同的概率为

$$p = 1 - \frac{365 \cdot 364 \cdots (365-n+1)}{365^n}.$$

经计算可得下述结果:

表 1-1

n	20	23	30	40	50	64	100
p	0.411	0.507	0.706	0.891	0.970	0.997	0.9999997

从上表可看出,在仅有 64 人的班级里,"至少有两人生日相同"这一事件的概率与 1 相差无几,因此,如作调查的话,几乎总是会出现的,读者不妨试一试。

例 1.16 设有 N 件产品,其中有 d 件次品,今从中任取 n 件,问其中恰有 $k(k \leqslant d)$ 件次品的概率是多少?

解　在 N 件产品中抽取 n 件(这里是指不放回抽样),所以可能的取法共有 C_N^n 种,每一种取法为一基本事件,且由于对称性得每个基本事件发生的可能性相同。又因在 d 件次品中取 k 件,所有可能的取法有 C_d^k 种,在 $N-d$ 件正品中取 $n-k$ 件的所有可能取法有 C_{N-d}^{n-k} 种。由乘法原理知,其中恰有 k 件次品的取法共有 $C_d^k C_{N-d}^{n-k}$ 种,于是所求概率为

$$p = \frac{C_d^k C_{N-d}^{n-k}}{C_N^n}。 \tag{1.8}$$

(1.8)式即所谓**超几何分布**的概率公式。

例 1.17　袋中有 a 只白球,b 只红球,k 个人依次在袋中取一只球。(1) 作放回抽样;(2) 作不放回抽样,求第 $i(i=1,2,\cdots,k)$ 人取到白球(记为事件 B)的概率($k \leqslant a+b$)。

解　(1) 放回抽样的情况,显然有

$$P(B) = \frac{a}{a+b}。$$

(2) 不放回抽样的情况,各人取一只球,每种取法是一个基本事件,共有

$$(a+b)(a+b-1)\cdots(a+b-k+1) = A_{a+b}^k$$

个基本事件,且由对称性知每个基本事件发生的可能性相同。当事件 B 发生时,第 i 人取的应是白球,它可以是 a 只白球中的任一只,有 a 种取法,其余被取的 $k-1$ 只球可以是剩余 $a+b-1$ 只球中的任意 $k-1$ 只,共有

$$(a+b-1)(a+b-2)\cdots[a+b-1-(k-1)+1] = A_{a+b-1}^{k-1}$$

种取法,于是 B 中包含 $a \cdot A_{a+b-1}^{k-1}$ 个基本事件,故由(1.7)式得到

$$P(B) = \frac{a \cdot A_{a+b-1}^{k-1}}{A_{a+b}^k} = \frac{a}{a+b}。$$

值得注意的是,$P(B)$ 与 i 无关,即 k 个人取球,尽管取球的先后次序不同,各人取到白球的概率是一样的,大家机会相同(例如在购买福利彩票时,各人得奖的机会是一样的),另外还值得注意的是,放回抽样的情况与不放回抽样情况下 $P(B)$ 是一样的。

例 1.18　在 $1 \sim 2000$ 的整数中随机地抽取一个数,问取到的整数既不能被 6 整除,又不能被 8 整除的概率是多少?

解　设 A 为事件"取到的数能被 6 整除",B 为事件"取到的数能被 8 整除",则所求概率为

$$P(\overline{A}\,\overline{B}) = P(\overline{A \bigcup B}) = 1 - P(A \bigcup B) = 1 - [P(A) + P(B) - P(AB)]。$$

由于 $333 < \frac{2000}{6} < 334$,故得 $P(A) = \frac{333}{2000}$;由于 $\frac{2000}{8} = 250$,故得 $P(B) = \frac{250}{2000} = \frac{1}{8}$;又由于一个数同时能被 6 与 8 整除,就相当于能被 24 整除,由于 $83 < \frac{2000}{24} < 84$,故得 $P(AB) = \frac{83}{2000}$。于是所求概率为

$$P(\overline{A}\,\overline{B}) = 1 - \left(\frac{333}{2000} + \frac{250}{2000} - \frac{83}{2000}\right) = \frac{3}{4}。$$

例 1.19　将 15 名新生随机地平均分配到三个班级中去,这 15 名新生中有 3 名是优

秀生,问:(1) 每一个班级各分配到一名优秀生的概率是多少?(2)3 名优秀生分配在同一个班级的概率是多少?

解   15 名新生平均分配到三个班级中的分法总数为

$$C_{15}^5 C_{10}^5 C_5^5 = \frac{15!}{5!5!5!},$$

每一种分配法为一基本事件,且由对称性易知每个基本事件发生的可能性相同。

(1) 将 3 名优秀生分配到三个班级使每个班级都有一名优秀生的分法共 3! 种,对于这每一种分法,其余 12 名新生平均分配到三个班级中的分法共有 $\frac{12!}{4!4!4!}$ 种,因此,每一班级各分配到一名优秀生的分法共有 $\frac{3! \times 12!}{4!4!4!}$ 种,于是所求概率为

$$p_1 = \frac{3! \times 12!}{4!4!4!} \Big/ \frac{15!}{5!5!5!} = \frac{25}{91}。$$

(2) 将 3 名优秀生分配在同一班级的分法共有 3 种,对于这每一种分法,其余 12 名新生的分法(一个班级 2 名,另两个班级各 5 名)有 $\frac{12!}{2!5!5!}$ 种,因此 3 名优秀生被分配在同一班级的分法共有 $\frac{3 \times 12!}{2!5!5!}$ 种,于是,所求概率为

$$p_2 = \frac{3 \times 12!}{2!5!5!} \Big/ \frac{15!}{5!5!5!} = \frac{6}{91}。$$

例 1.20   某接待站在某一周曾接待过 12 次来访,已知所有这 12 次接待都是在周二和周四进行的,问是否可以推断接待时间是有规定的?

解   假设接待站的接待时间没有规定,而各来访者在一周的任一天中去接待站是等可能的,那么,12 次接待来访者都在周二、周四的概率为 $\frac{2^{12}}{7^{12}} = 0.0000003$。人们在长期的实践中总结得到:"概率很小的事件在一次试验中实际上几乎是不发生的"(称为**实际推断原理**),现在概率很小的事件在一次试验中竟然发生了,因此有理由怀疑假设的正确性,从而推断接待站不是每天都接待来访者,即认为其接待时间是有规定的。

1.4   条件概率、全概率公式和贝叶斯公式

1.4.1   条件概率

条件概率是概率论中的一个重要而实用的概念,它所考虑的是事件 B 已发生的条件下事件 A 发生的概率,先举一个例子。

例 1.21   某个班级有学生 40 人,其中共青团员 15 人。全班分成四个小组,第一个小组有 10 人,其中共青团员 4 人,如果要在班级内任选一人当学生代表,那么这个代表恰好在第一小组内的概率为 $\frac{10}{40} = \frac{1}{4}$,现在要在班级中任选一个共青团员当团员代表,问这个

代表恰好在第一小组内的概率多少?

大多数读者一定会立即算出这个概率是 $\dfrac{4}{15}$。这两个概率不相同是容易理解的,因为在第二个问题里,任选一个学生必须是团员,这就比第一个问题多了一个"附加"条件,如果我们记

$$A = \{在班内任选一个学生,该学生属于第一小组\},$$

$$B = \{在班内任选一个学生,该学生是共青团员\},$$

可以看到,在第一个问题里求得的是 $P(A)$,而在第二个问题里,是在"已知事件 B 发生"的附加条件下,求 A 发生的概率,这个概率称作是在 B 发生的条件下,A 发生的条件概率,并且记作 $P(A \mid B)$,于是有

$$P(A \mid B) = \frac{4}{15} = \frac{4}{40} \Big/ \frac{15}{40} = \frac{P(AB)}{P(B)}。$$

我们把事件 B 已发生作为条件,在此条件下事件 A 发生的概率称为条件概率。

定义 1.3　设 A,B 是两个事件,且 $P(B) > 0$,称

$$P(A \mid B) = \frac{P(AB)}{P(B)} \qquad\qquad (1.9)$$

为在事件 B 发生的条件下事件 A 发生的**条件概率**。

不难验证,条件概率 $P(\cdot \mid B)$ 符合概率定义中的三个条件,即

(1) **非负性**:对于每一事件 A,有 $P(A \mid B) \geqslant 0$;

(2) **规范性**:对于必然事件 Ω,有 $P(\Omega \mid B) = 1$;

(3) **可列可加性**:设 $A_1, A_2, \cdots, A_n, \cdots$ 是两两互不相容的事件,则有

$$P(\bigcup_{n=1}^{\infty} A_n \mid B) = \sum_{n=1}^{\infty} P(A_n \mid B)。$$

既然条件概率符合上述三个条件,故 1.2 节中对概率所证明的一些重要结果都适用于条件概率。例如,对于任意事件 A_1, A_2,有

$$P((A_1 \bigcup A_2) \mid B) = P(A_1 \mid B) + P(A_2 \mid B) - P(A_1 A_2 \mid B)。 \qquad (1.10)$$

例 1.22　一盒子装有 4 件产品,其中有 3 件一等品,1 件二等品。从中依次取出两件产品,每次任取一件,作不放回抽样。记事件 $A = \{第一次取到的是一等品\}$,事件 $B = \{第二次取到的是一等品\}$,试求条件概率 $P(A \mid B)$。

解　将产品编号,1,2,3 号为一等品,4 号为二等品。以 (i,j) 表示第一次、第二次分别取到第 i 号、第 j 号产品。试验 E(抽取产品两次,记录其号码)的样本空间为

$$\Omega = \{(1,2),(1,3),(1,4),(2,1),(2,3),(2,4),\cdots,(4,1),(4,2),(4,3)\},$$

$$B = \{(1,2),(1,3),(2,1),(2,3),(3,1),(3,2),(4,1),(4,2),(4,3)\},$$

$$AB = \{(1,2),(1,3),(2,1),(2,3),(3,1),(3,2)\}。$$

按(1.9)式,得条件概率

$$P(A \mid B) = \frac{P(AB)}{P(B)} = \frac{2}{3},$$

也可以直接按条件概率的含义求 $P(A\mid B)$，我们知道，当事件 B 发生以后，试验 E 所有可能结果的集合就是 B，B 中有 9 个元素，其中只有 $(1,2),(1,3),(2,1),(2,3),(3,1),(3,2)$ 这 6 个元素属于 B，故可得 $P(A\mid B)=\dfrac{2}{3}$。

1.4.2 乘法定理

由条件概率的定义(1.9)式，立即可得下述定理。

乘法定理 设 A,B 是两个事件，且 $P(B)>0$，则

$$P(AB)=P(A\mid B)P(B),\tag{1.11}$$

(1.11)式称为**乘法公式**，它也可写成 $P(AB)=P(B\mid A)P(A)$。

(1.11)式可以推广到多个事件的积的情况。例如，设 A,B,C 为事件，且 $P(AB)>0$，则有

$$P(ABC)=P(A)P(B\mid A)P(C\mid AB),\tag{1.12}$$

在这里，注意到由假设 $P(AB)>0$，可推得 $P(A)\geqslant P(AB)>0$。

一般地，设 $A_1,A_2,\cdots,A_n$ 为 n 个事件，$n\geqslant 2$，且 $P(A_1A_2\cdots A_{n-1})>0$，则有

$$P(A_1A_2\cdots A_n)=P(A_1)P(A_2\mid A_1)P(A_3\mid A_1A_2)\cdots P(A_n\mid A_1A_2\cdots A_{n-1})。\tag{1.13}$$

例 1.23 设袋中有 n_1 只红球，n_2 只白球。每次在袋中任取一只球，观察其颜色然后放回，并再放入 a 只与所取出的那只球同色的球。若在袋中连续取球四次，试求第一、二次取到红球且第三、四次取到白球的概率。

解 以 $A_i(i=1,2,3,4)$ 表示事件"第 i 次取到红球"，则 $\overline{A_3}$、$\overline{A_4}$ 分别表示事件第三、四次取到白球。所求概率为

$$P(A_1A_2\overline{A_3}\,\overline{A_4})=P(A_1)P(A_2\mid A_1)P(\overline{A_3}\mid A_1A_2)P(\overline{A_4}\mid A_1A_2\overline{A_3})$$

$$=\frac{n_1}{n_1+n_2}\frac{n_1+a}{n_1+n_2+a}\frac{n_2}{n_1+n_2+2a}\frac{n_2+a}{n_1+n_2+3a}。$$

例 1.24 设某光学仪器厂制造的透镜，第一次落下时被打破的概率为 $\dfrac{1}{2}$，若第一次落下未被打破，第二次落下被打破的概率为 $\dfrac{7}{10}$，若前两次落下未被打破，第三次落下被打破的概率为 $\dfrac{9}{10}$。试求透镜落下三次而未被打破的概率。

解 以 $A_i(i=1,2,3)$ 表示事件"透镜第 i 次落下被打破"，以 B 表示事件"透镜落下三次而未被打破"。因为 $B=\overline{A_1}\,\overline{A_2}\,\overline{A_3}$，故有

$$P(B)=P(\overline{A_1}\,\overline{A_2}\,\overline{A_3})=P(\overline{A_3}\mid\overline{A_1}\,\overline{A_2})P(\overline{A_2}\mid\overline{A_1})P(\overline{A_1})$$

$$=\left(1-\frac{9}{10}\right)\left(1-\frac{7}{10}\right)\left(1-\frac{1}{2}\right)=\frac{3}{200}。$$

另解，按题意 $\overline{B}=A_1\bigcup\overline{A_1}A_2\bigcup\overline{A_1}\overline{A_2}A_3$，而 $A_1,\overline{A_1}A_2,\overline{A_1}\overline{A_2}A_3$ 是两两互不相容的事件，故有

$$P(\overline{B})=P(A_1)+P(\overline{A_1}A_2)+P(\overline{A_1}\,\overline{A_2}A_3)，$$

已知 $P(A_1) = \dfrac{1}{2}, P(A_2 \mid \overline{A_1}) = \dfrac{7}{10}, P(A_3 \mid \overline{A_1}\,\overline{A_2}) = \dfrac{9}{10}$，即有

$$P(\overline{A_1}A_2) = P(A_2 \mid \overline{A_1})P(\overline{A_1}) = \frac{7}{10}\left(1 - \frac{1}{2}\right) = \frac{7}{20},$$

$$P(\overline{A_1}\,\overline{A_2}A_3) = P(A_3 \mid \overline{A_1}\,\overline{A_2})P(\overline{A_2} \mid \overline{A_1})P(\overline{A_1})$$

$$= \frac{9}{10}\left(1 - \frac{7}{10}\right)\left(1 - \frac{1}{2}\right) = \frac{27}{200},$$

故得

$$P(\overline{B}) = \frac{1}{2} + \frac{7}{20} + \frac{27}{200} = \frac{197}{200},$$

$$P(B) = 1 - \frac{197}{200} = \frac{3}{200}。$$

1.4.3　全概率公式和贝叶斯公式

下面建立两个用来计算概率的重要公式，先介绍样本空间的划分的定义。

定义 1.4　设 Ω 为试验 E 的样本空间，$B_1, B_2, \cdots, B_n$ 为 E 的一组事件。若

(1) $B_iB_j = \varnothing, i \neq j; i, j = 1, 2, \cdots, n$；

(2) $B_1 \bigcup B_2 \bigcup \cdots \bigcup B_n = \Omega$。

则称 $B_1, B_2, \cdots, B_n$ 为样本空间 Ω 的一个**划分**。

若 $B_1, B_2, \cdots, B_n$ 是样本空间的一个划分，那么，对每次试验，事件 $B_1, B_2, \cdots, B_n$ 中必须有一个且仅有一个发生。

例如，试验 E 为"掷一颗骰子观察其点数"，它的样本空间为 $\Omega = \{1, 2, 3, 4, 5, 6\}$，$E$ 的一组事件 $B_1 = \{1, 2, 3\}, B_2 = \{4, 5\}, B_3 = \{6\}$ 是 Ω 的一个划分，而事件组 $C_1 = \{1, 2, 3\}$，$C_2 = \{3, 4\}, C_3 = \{5, 6\}$ 不是 Ω 的划分。

定理 1.1　设试验 E 的样本空间为 Ω，A 为 E 的事件，$B_1, B_2, \cdots, B_n$ 为 Ω 的一个划分，且 $P(B_i) > 0 (i = 1, 2, \cdots, n)$，则

$$P(A) = P(A \mid B_1)P(B_1) + P(A \mid B_2)P(B_2) + \cdots + P(A \mid B_n)P(B_n), \quad (1.14)$$

(1.14) 式称为**全概率公式**。

在很多实际问题中 $P(A)$ 不易直接求得，但却容易找到 Ω 的一个划分 $B_1, B_2, \cdots, B_n$，且 $P(B_i)$ 和 $P(A \mid B_i)$ 或为已知，或容易求得，那么就可以根据 (1.14) 式求出 $P(A)$。

证　因为

$$A = A\Omega = A(B_1 \bigcup B_2 \bigcup \cdots \bigcup B_n) = AB_1 \bigcup AB_2 \bigcup \cdots \bigcup AB_n,$$

由假设 $P(B_i) > 0 (i = 1, 2, \cdots, n)$，且 $(AB_i)(AB_j) = \varnothing, i \neq j; i, j = 1, 2, \cdots, n$，得到

$$P(A) = P(AB_1) + P(AB_2) + \cdots + P(AB_n)$$

$$= P(A \mid B_1)P(B_1) + P(A \mid B_2)P(B_2) + \cdots + P(A \mid B_n)P(B_n)。$$

另一个重要公式是下述的贝叶斯公式。

定理 1.2　设试验 E 的样本空间为 Ω，A 为 E 的事件，$B_1, B_2, \cdots, B_n$ 为 Ω 的一个划分，且 $P(A) > 0, P(B_i) > 0 (i = 1, 2, \cdots, n)$，则

$$P(B_i \mid A) = \frac{P(A \mid B_i)P(B_i)}{\sum\limits_{j=1}^{n} P(A \mid B_j)P(B_j)} \quad (i = 1, 2, \cdots, n), \tag{1.15}$$

(1.15) 式称为**贝叶斯公式**。

证   由条件概率的定义及全概率公式即得

$$P(B_i \mid A) = \frac{P(B_i A)}{P(A)} = \frac{P(A \mid B_i)P(B_i)}{\sum\limits_{j=1}^{n} P(A \mid B_j)P(B_j)} \quad (i = 1, 2, \cdots, n)。$$

特别在 (1.14) 式, (1.15) 式中取 $n = 2$, 并将 B_1 记为 B, 此时 B_2 就是 $\overline{B}$, 那么, 全概率公式和贝叶斯公式分别成为

$$P(A) = P(A \mid B)P(B) + P(A \mid \overline{B})P(\overline{B}),$$

$$P(B \mid A) = \frac{P(AB)}{P(A)} = \frac{P(A \mid B)P(B)}{P(A \mid B)P(B) + P(A \mid \overline{B})P(\overline{B})}。$$

这两个公式是常用的。

例 1.25   某电子设备制造厂所用的元件是由三家元件制造厂提供的。根据以往的记录有以下的数据：

表 1-2

元件制造厂	次品率	提供元件的份额
1	0.02	0.15
2	0.01	0.80
3	0.03	0.05

设这三家工厂的产品在仓库中是均匀混合的, 且无区别的标志。(1) 在仓库中随机地取一只元件, 求它是次品的概率; (2) 在仓库中随机地取一只元件, 已知取得是次品, 为分析此次品出自何厂, 需求出此次品由三家工厂生产的概率分别是多少, 试求这些概率。

解   设 A 表示"取到的是一只次品", $B_i (i = 1, 2, 3)$ 表示"所取到的产品是由第 i 家工厂提供的"。易知, B_1, B_2, B_3 是样本空间 Ω 的一个划分, 且有

$$P(B_1) = 0.15, \quad P(B_2) = 0.80, \quad P(B_3) = 0.05,$$

$$P(A \mid B_1) = 0.02, \quad P(A \mid B_2) = 0.01, \quad P(A \mid B_3) = 0.03。$$

(1) 由全概率公式有

$$P(A) = P(A \mid B_1)P(B_1) + P(A \mid B_2)P(B_2) + P(A \mid B_3)P(B_3) = 0.0125。$$

(2) 由贝叶斯公式有

$$P(B_1 \mid A) = \frac{P(A \mid B_1)P(B_1)}{P(A)} = \frac{0.02 \times 0.15}{0.0125} = 0.24,$$

$$P(B_2 \mid A) = 0.64, \quad P(B_3 \mid A) = 0.12。$$

以上结果表明, 这只次品来自第 2 家工厂的可能性最大。

例 1.26   据一份资料显示, 在美国, 总的来说患肺癌的概率约为 0.1%, 在人群中有

20% 是吸烟者,他们患肺癌的概率约为 0.4%,求不吸烟者患肺癌的概率是多少?

解　以 C 记事件"患肺癌",以 A 记事件"吸烟",按题意

$$P(C) = 0.001,\ P(A) = 0.20,\ P(C \mid A) = 0.004,$$

需要求条件概率 $P(C \mid \overline{A})$。由全概率公式有

$$P(C) = P(C \mid A)P(A) + P(C \mid \overline{A})P(\overline{A})。$$

将数据代入,得

$$0.001 = 0.004 \times 0.20 + P(C \mid \overline{A})P(\overline{A}) = 0.004 \times 0.20 + P(C \mid \overline{A}) \times 0.80,$$

从而得

$$P(C \mid \overline{A}) = 0.00025。$$

例 1.27　对以往分析结果表明,当机器调整良好时,产品的合格率为 98%,而当机器发生某种故障时,其合格率为 55%。每天早上机器开动时,机器调整良好的概率为 95%。试求已知某日早上第一件产品是合格品时,机器调整良好的概率是多少?

解　以 A 表示"产品合格",B 表示"机器调整良好",已知

$$P(A \mid B) = 0.98,$$
$$P(A \mid \overline{B}) = 0.55,$$
$$P(B) = 0.95,$$
$$P(\overline{B}) = 0.05,$$

所需求的概率为 $P(B \mid A)$。由贝叶斯公式有

$$P(B \mid A) = \frac{P(A \mid B)P(B)}{P(A \mid B)P(B) + P(A \mid \overline{B})P(\overline{B})}$$
$$= \frac{0.98 \times 0.95}{0.98 \times 0.95 + 0.55 \times 0.05} = 0.97。$$

这就是说,当生产出第一件产品是合格品时,此时机器调整良好的概率为 0.97。这里,概率 0.95 是由以往的数据分析得到的,叫作**先验概率**。而在得到信息(即生产第一件产品是合格品)之后再重新加以修正的概率(即 0.97)叫作**后验概率**。有了后验概率我们就能对机器的情况有进一步的了解。

例 1.28　根据以往的临床记录,某种诊断癌症的试验具有如下的效果:若以 A 表示事件"试验反应为阳性",以 C 表示事件"被诊断者患有癌症",则有 $P(A \mid C) = 0.95$,$P(\overline{A} \mid \overline{C}) = 0.95$。现在对自然人群进行普查,设被试验的人患有癌症的概率为 0.005,即 $P(C) = 0.005$,试求 $P(C \mid A)$。

解　已知

$$P(A \mid C) = 0.95, P(A \mid \overline{C}) = 1 - P(\overline{A} \mid \overline{C}) = 0.05,$$
$$P(C) = 0.005, P(\overline{C}) = 0.995,$$

由贝叶斯公式有

$$P(C \mid A) = \frac{P(A \mid C)P(C)}{P(A \mid C)P(C) + P(A \mid \overline{C})P(\overline{C})} = 0.087。$$

本题的结果表明,虽然 $P(A \mid C) = 0.95, P(\overline{A} \mid \overline{C}) = 0.95$,这两个概率都比较高,但若将此试验用于普查,则有 $P(C \mid A) = 0.087$,亦即其正确性只有 8.7%(平均 1000 个具有阳性反应的人中大约只有 87 人确患有癌症)。如果不注意到这一点,将会得出错误的诊断,这也说明,若将 $P(A \mid C)$ 和 $P(C \mid A)$ 混淆了会造成不良的后果。

1.5   事件的独立性

在上一节中,我们知道了条件概率这个概念,在已知事件 A 发生的条件下,B 发生的可能性为条件概率 $P(B \mid A) = \dfrac{P(AB)}{P(A)}$,并且由此得到了一般的概率乘法公式

$$P(AB) = P(A)P(B \mid A)。$$

现在可以提出一个问题,如果事件 B 发生与否不受事件 A 是否发生的影响,那么会出现什么样的情况呢?为此,需要把"事件 B 发生与否不受事件 A 的影响"这句话表达成数学的语言,事实上,事件 B 发生与否不受事件 A 的影响,也就意味着有 $P(B) = P(B \mid A)$,这时乘法公式就有了更自然的形式:

$$P(AB) = P(A)P(B)。$$

由此启示我们引入下述定义:

定义 1.5   设 A, B 是两事件,如果满足等式

$$P(AB) = P(A)P(B), \tag{1.16}$$

则称事件 A 与 B **相互独立**,简称 A, B **独立**。

容易知道,若 $P(A) > 0, P(B) > 0$,则 A, B 相互独立与 A, B 互不相容不能同时成立。

定理 1.3   设 A, B 是两事件,且 $P(A) > 0$,若 A, B 相互独立,则 $P(B) = P(B \mid A)$,反之亦然。

定理的正确性是显然的。

定理 1.4   若事件 A 与 B 相互独立,则 A 与 $\overline{B}$,$\overline{A}$ 与 B,$\overline{A}$ 与 $\overline{B}$ 各对事件也相互独立。

证   因为 $A = A(B \bigcup \overline{B}) = AB \bigcup A\overline{B}$,得

$$P(A) = P(AB \bigcup A\overline{B}) = P(AB) + P(A\overline{B})$$
$$= P(A)P(B) + P(A\overline{B}),$$

所以

$$P(A\overline{B}) = P(A) - P(AB) = P(A) - P(A)P(B)$$
$$= P(A)[1 - P(B)] = P(A)P(\overline{B})。$$

这就证明了 A 与 $\overline{B}$ 相互独立。对于 $\overline{A}$ 与 B,$\overline{A}$ 与 $\overline{B}$ 的相互独立性,请读者自行证明。

例 1.29   分别掷两枚均匀的硬币,令 A 表示事件"硬币甲出现正面",B 表示事件"硬币乙出现正面",验证事件 A, B 是相互独立的。

证   这时样本空间为

$$\Omega = \{(正,正),(正,反),(反,正),(反,反)\},$$

共含有四个基本事件,它们是等可能的,各有概率为 $\frac{1}{4}$,而

$$A = \{(\text{正},\text{正}),(\text{正},\text{反})\},\ B = \{(\text{正},\text{正}),(\text{反},\text{正})\},\ AB = \{(\text{正},\text{正})\},$$

由此知,$P(A) = P(B) = \frac{1}{2}$,这时有

$$P(AB) = \frac{1}{4} = P(A)P(B)$$

成立,所以 A,B 是相互独立的。

下面我们将独立性的概念推广到三个事件的情况。

定义 1.6　设 A,B,C 是三个事件,如果同时满足下列等式

$$P(AB) = P(A)P(B),$$
$$P(AC) = P(A)P(C),$$
$$P(BC) = P(B)P(C),$$
$$P(ABC) = P(A)P(B)P(C),$$

则称事件 A,B,C **相互独立**。

一般地,设 $A_1,A_2,\cdots,A_n$ 是 $n(n > 2)$ 个事件,如果同时满足下列等式

$$P(A_iA_j) = P(A_i)P(A_j)\ (\forall\, i \neq j),$$
$$P(A_iA_jA_k) = P(A_i)P(A_j)P(A_k)\ (\forall\, i,j,k\ \text{互不相等}),$$

$$\cdots\cdots\cdots\cdots$$

$$P(A_1A_2\cdots A_n) = P(A_1)P(A_2)\cdots P(A_n)。$$

即对于其中任意 2 个,任意 3 个,$\cdots$,任意 n 个事件积的概率,都等于各事件概率之积,则称事件 $A_1,A_2,\cdots,A_n$ **相互独立**。

可以得到以下两个推论

(1) 若 $n(n \geqslant 2)$ 个事件 $A_1,A_2,\cdots,A_n$ 相互独立,则其中任意 $k(2 \leqslant k \leqslant n)$ 个事件也是相互独立的;

(2) 若 $n(n \geqslant 2)$ 个事件 $A_1,A_2,\cdots,A_n$ 相互独立,则将 $A_1,A_2,\cdots,A_n$ 中任意多个事件换成它们各自的对立事件,所得到的 n 个事件仍然相互独立。

值得注意的是,$n(n > 2)$ 个事件相互独立必然有这 n 个事件中的任意两个事件两两相互独立,而两两相互独立的 n 个事件不一定相互独立。

例如,将一个均匀的四面体一面涂上红色,一面涂上黄色,一面涂上黑色,第四面涂上红、黄、黑三种颜色,任取一面观察其颜色。令 A 表示"有红色",B 表示"有黄色",C 表示"有黑色",则

$$P(A) = P(B) = P(C) = \frac{1}{2},$$

$$P(AB) = \frac{1}{4} = P(A)P(B),$$

$$P(AC) = \frac{1}{4} = P(A)P(C),$$

$$P(BC) = \frac{1}{4} = P(B)P(C),$$

即有事件 A, B, C 两两相互独立。但

$$P(ABC) = \frac{1}{4} \neq P(A)P(B)P(C),$$

这说明事件 A, B, C 不是相互独立的。

事件相互独立的含义是它们中一个事件已经发生，不影响另一个事件发生的概率。在实际应用中，对于事件的独立性常常是根据事件的实际意义去判断。

例 1.30   要验收一批（100 件）乐器。验收方案如下：自该批乐器中随机地取 3 件测试（设 3 件乐器的测试结果是相互独立的），如果 3 件中至少有一件在测试中被认为是音色不纯，则这批乐器就被拒绝接收。设一件音色不纯的乐器经测试查出其为音色不纯的概率为 0.95；而一件音色纯的乐器经测试被误认为不纯的概率为 0.01。如果已知这 100 件乐器中恰有 4 件是音色不纯的，试问这批乐器被接收的概率是多少？

解   设以 $H_i (i = 0, 1, 2, 3)$ 表示事件"随机地取出 3 件乐器，其中恰有 i 件音色不纯"，H_0, H_1, H_2, H_3 是 S 的一个划分，以 A 表示事件"这批乐器被接收"。已知一件音色纯的乐器，经测试被认为音色纯的概率为 0.99，而一件音色不纯的乐器，经测试被误认为音色纯的概率为 0.05，并且 3 件乐器的测试结果是相互独立的，于是有

$$P(A \mid H_0) = 0.99^3, \quad P(A \mid H_1) = 0.99^2 \times 0.05,$$

$$P(A \mid H_2) = 0.99 \times 0.05^2, \quad P(A \mid H_3) = 0.05^3,$$

而

$$P(H_0) = \frac{C_{96}^3}{C_{100}^3}, \quad P(H_1) = \frac{C_4^1 C_{96}^2}{C_{100}^3},$$

$$P(H_2) = \frac{C_4^2 C_{96}^1}{C_{100}^3}, \quad P(H_3) = \frac{C_4^3}{C_{100}^3},$$

故

$$P(A) = \sum_{i=1}^{3} P(H_i)P(A \mid H_i) = 0.8574 + 0.0055 + 0 + 0 = 0.8629。$$

独立性在概率的计算中起着重要作用。

若 n 个事件 $A_1, A_2, \cdots, A_n$ 不是互不相容的，当 n 较大时计算其和事件的概率 $P(A_1 \bigcup A_2 \bigcup \cdots \bigcup A_n)$ 较困难。

若 n 个事件 $A_1, A_2, \cdots, A_n$ 是相互独立的，则

$$\begin{aligned}
P(A_1 \bigcup A_2 \bigcup \cdots \bigcup A_n) &= 1 - P(\overline{A_1 \bigcup A_2 \bigcup \cdots \bigcup A_n}) \\
&= 1 - P(\overline{A_1}\, \overline{A_2} \cdots \overline{A_n}) \\
&= 1 - P(\overline{A_1})P(\overline{A_2}) \cdots P(\overline{A_n}) \\
&= 1 - [1 - P(A_1)][1 - P(A_2)] \cdots [1 - P(A_n)],
\end{aligned}$$

特别地，当 $P(A_1) = P(A_2) = \cdots = P(A_n) = p$ 时，有

$$P(A_1 \bigcup A_2 \bigcup \cdots \bigcup A_n) = 1 - (1-p)^n.$$

例 1.31　用 $2n$ 个相同的电子元件组成一个系统,有两种不同的联结方式,第 Ⅰ 种是先串联后并联(如图 1-3 所示);第 Ⅱ 种是先并联后串联(如图 1-3 所示)。

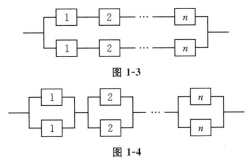

图 1-3

图 1-4

如果各个元件能否正常工作是相互独立的,每个元件能正常工作的概率为 p(元件或系统能正常工作的概率通常称为可靠度),请你比较一下两个系统哪一个更可靠一些(即可靠度更大一些)?

　　解　对于系统 Ⅰ,它有两条通路工作,分别记这两条通路的可靠度为 R_{1-1} 和 R_{1-2},每条通路能正常工作当且仅当该通路上的所有元件都能正常工作,由独立性知,每一条通路的可靠度为

$$R_{1-1} = R_{1-2} = p^n,$$

于是系统 Ⅰ 的可靠度为

$$\begin{aligned} R_1 &= 1 - (1 - R_{1-1})(1 - R_{1-2}) \\ &= 1 - (1 - p^n)^2 = p^n(2 - p^n). \end{aligned}$$

对于系统 Ⅱ,先求每一个并联的小节(如图 1-4)的可靠度,由每个电子元件工作的独立性知,每一个小节的可靠度为

$$R_{2-i} = 1 - (1-p)^2 = p(2-p) \quad (i = 1, 2, \cdots, n),$$

而整个系统由相同的 n 个小节串联而成,再一次利用独立性即可得到系统 Ⅱ 的可靠度为

$$R_2 = R_{2-1} R_{2-2} \cdots R_{2-n} = [p(2-p)]^n = p^n(2-p)^n,$$

利用数学归纳法,可以证明,当 $n \geqslant 2$ 时,总有

$$(2-p)^n > 2 - p^n$$

成立。从而当 $n \geqslant 2$ 时,有 $R_2 > R_1$,即系统 Ⅱ 比系统 Ⅰ 更可靠些。

图 1-5

例 1.32　甲、乙两人进行乒乓球比赛,每局甲胜的概率为 $p\left(p \geqslant \dfrac{1}{2}\right)$。问对甲而言,采用三局二胜制有利,还是采用五局三胜制有利?设各局胜负相互独立。

解   采用三局二胜制,若甲最终获胜,记获胜概率为 p_1,其胜局的情况是:"甲甲"或"乙甲甲"或"甲乙甲"。而这三种结局互不相容,于是由独立性得

$$p_1 = p^2 + 2p^2(1-p)。$$

采用五局三胜制,若甲最终获胜,记获胜概率为 p_2,至少需比赛 3 局(可能赛 3 局,也可能赛 4 局或 5 局),且最后一局必须是甲胜,而前面甲需胜两局。例如,共赛 4 局,则甲的胜局情况是:"甲乙甲甲","乙甲甲甲","甲甲乙甲",且这三种结局互不相容。由独立性可得,在五局三胜制下,甲最终获胜的概率为

$$p_2 = p^3 + C_3^2 p^3(1-p) + C_4^2 p^3(1-p)^2,$$

而

$$p_2 - p_1 = p^2(6p^3 - 15p^2 + 12p - 3) = 3p^2(p-1)^2(2p-1)。$$

当 $p > \dfrac{1}{2}$ 时,$p_2 > p_1$;当 $p = \dfrac{1}{2}$ 时,$p_2 = p_1 = \dfrac{1}{2}$。故当 $p > \dfrac{1}{2}$ 时,对甲来说采用五局三胜制为有利。当 $p = \dfrac{1}{2}$ 时,两种赛制甲、乙最终获胜的概率是相同的,都是 50%。

1.6   伯努利概型

如果对一次随机试验只考察事件 A 发生与否,那么样本空间 $\Omega = \{A, \overline{A}\}$,如掷一枚硬币,只考察出现"正面"或"反面";考察一条线路,只有"通"与"不通";传递一个信号,只有"正确"与"错误";播下一颗种子,了解它"发芽"与否 …… 这种随机试验称为**伯努利**(Bernoulli)**试验**。有时试验的结果虽有多种,但如果只考虑某事件 A 发生与否,也可作为伯努利试验,例如抽检一个产品,虽有各种质量指标,但如果只考虑合格与否,就是伯努利试验,我们可以用 A 代表"成功"而 $\overline{A}$ 代表"失败"这种抽象的说法来描述伯努利试验。若 $P(A) = p(0 < p < 1)$,则 $P(\overline{A}) = 1-p$,就给出了一次伯努利试验的所有事件的概率。

将伯努利试验独立重复 n 次,这种概率模型称为**伯努利概型**。

由于每次试验我们只考察事件 A 发生与否,从而伯努利概型的样本空间总共有 2^n 个样本点。每个样本点出现的概率不全相同,故虽是有限样本空间,却不是古典概型。

伯努利概型中,每个样本点即是一个基本事件,由它们又可组成很多复合事件,利用事件的运算公式和概率的运算公式,可以计算这些事件的概率。

例 1.33   某人独立射击 5 次,每次命中的概率是 0.8,求事件 B"前两次命中,后三次不命中"的概率。

解   这是重复独立 5 次试验的伯努利试验。记 $A_k = \{\text{第 } k \text{ 次命中}\}(k = 1,2,3,4,5)$,则

$$P(A_k) = 0.8, \quad P(\overline{A_k}) = 0.2,$$

所考虑的事件 $B = A_1 A_2 \overline{A_3} \overline{A_4} \overline{A_5}$,由独立事件乘积的概率计算得

$$P(B) = P(A_1)P(A_2)P(\overline{A_3})P(\overline{A_4})P(\overline{A_5}) = 0.8^2 \times 0.2^3。$$

独立重复试验 n 次,每次试验事件 A 发生的概率为 $p(0<p<1)$,下面计算"n 次试验中,事件 A 恰好发生 $k(0\leqslant k\leqslant n)$ 次"这一事件的概率,我们用 $P_n(k)$ 表示这一概率。

"n 次试验中,事件 A 恰好发生 $k(0\leqslant k\leqslant n)$ 次"这一事件可表示为

$$\underbrace{AA\cdots A}_{k\text{个}}\underbrace{\bar{A}\bar{A}\cdots\bar{A}}_{n-k\text{个}}\bigcup \underbrace{AA\cdots A}_{k-1\text{个}}A\underbrace{\bar{A}\bar{A}\cdots\bar{A}}_{n-k-1\text{个}}\bigcup \cdots \bigcup \underbrace{\bar{A}\bar{A}\cdots\bar{A}}_{n-k\text{个}}\underbrace{AA\cdots A}_{k\text{个}}$$

上式中第一项表示"前 k 次试验事件 A 发生,后 $n-k$ 次试验事件 A 不发生"这一事件,为了表示式简洁未标注事件的下标。其他各项都表示某确定的 k 次试验事件 A 发生,其余的 $n-k$ 次试验事件 A 不发生这样的事件,"n 次试验中,事件 A 恰好发生 $k(0\leqslant k\leqslant n)$ 次"这一事件可表示为这些事件的和事件。

这样的项一共有 C_n^k 项,所有项两两互不相容,且由独立性可知每一项的概率都是

$$p^k q^{n-k}(q=1-p),$$

故

$$P_n(k)=C_n^k p^k q^{n-k},\ k=0,1,2,\cdots,n,\ q=1-p。$$

这是"n 重伯努利试验中事件 A 恰好发生 k 次"这一事件的概率计算公式,称为二项公式,$P_n(k)=C_n^k p^k q^{n-k}$ 就是二项式 $(p+q)^n$ 的展开式中的项。

例 1.34　在 N 件产品中有 M 件次品,进行有放回抽样检验 n 次,求共抽得 k 件次品的概率。

解　进行有放回抽样检验,表明每次试验在相同条件下独立重复进行,这是 n 重伯努利试验,令 A 表示在任一次试验中抽到次品这一事件,则 $P(A)=\dfrac{M}{N}$,所求概率为

$$P_n(k)=C_n^k\left(\frac{M}{N}\right)^k\left(1-\frac{M}{N}\right)^{n-k},k=0,1,2,\cdots,n。$$

独立重复试验 n 次,每次试验事件 A 发生的概率为 $p(0<p<1)$,则 $B=$"n 次试验中,事件 A 至少发生一次"这一事件的概率为

$$P(B)=\sum_{k=1}^{n}P_n(k)=1-P_n(0)=1-q^n=1-(1-p)^n,$$

这是上节公式在独立重复试验情形的特例,在上一节中有以下结论,若 n 个事件 A_1,$A_2,\cdots,A_n$ 是相互独立的,且 $P(A_1)=P(A_2)=\cdots=P(A_n)=p$(这里并不要求是 n 重伯努利试验,只要求各事件独立等概率),则

$$P(A_1\bigcup A_2\bigcup \cdots \bigcup A_n)=1-(1-p)^n,$$

在一次试验中,事件 A 发生的概率为 $p(0<p<1)$,当 p 很小时,称事件 A 为小概率事件,可以认为,在一次试验中,小概率事件实际上几乎不会发生。

由于

$$1-(1-p)^n\to 1\ (n\to\infty),$$

可见,不论事件 A 发生的概率 p 多么小,当重复试验次数充分大时,事件 A 至少发生一次的概率趋于 1,可以认为,在大量试验中,小概率事件实际上几乎必然发生。"智者千虑,必有一失"等就是这个经验的形象表达。

本章小结

本章介绍了概率的定义和古典概率意义下给定事件的概率的计算问题,这些内容是学习后续概率统计知识的基础。计算事件的概率是概率论部分问题的核心,因此我们应与中学的有关知识有效衔接,对如何表示一个复杂事件有清楚的认识,并牢固掌握计算复杂事件概率的方法。

学习目的如下:

1.理解随机事件的概念,了解随机试验、样本空间的概念,掌握事件之间的关系与运算,会利用事件间的关系和运算结果表示较为复杂的事件。

2.了解频率和概率的定义,理解古典概型及概率的意义,掌握概率的基本性质并能运用这些性质进行概率计算。

3.理解条件概率的概念,掌握概率的乘法公式、全概率公式、贝叶斯公式,并能运用这些公式进行概率计算。

4.理解事件的独立性概念,注意区别事件间的独立性与事件间的互不相容性的差别,掌握运用事件独立性进行概率计算。

5.理解伯努利概型的意义,掌握伯努利概型下的事件概率计算,能够将实际问题归结为伯努利概型,然后用二项分布计算有关事件的概率。

习题 1

1.写出下列随机试验的样本空间及下列事件包含的样本点。

(1)掷一颗骰子,出现奇数点;

(2)掷两颗骰子,$A = $"出现点数之和为奇数,且恰好其中有一个 1 点",$B = $"出现点数之和为偶数,但没有一颗骰子出现 1 点"。

2.设 A, B, C 为 3 个事件,试用 A, B, C 的运算关系式表示下列事件:

(1) A 发生,B, C 都不发生;   (2) A 与 B 发生,C 不发生;

(3) A, B, C 都发生;   (4) A, B, C 至少有一个发生;

(5) A, B, C 都不发生;   (6) A, B, C 不都发生;

(7) A, B, C 至多有两个发生;   (8) A, B, C 至少有两个发生。

3.设 A, B 是两个事件,且 $P(A) = 0.6, P(B) = 0.7$。问:

(1)在什么条件下 $P(AB)$ 取得最大值,最大值是多少?

(2)在什么条件下 $P(AB)$ 取得最小值,最小值是多少?

4.设 A, B, C 是三个事件,且 $P(A) = P(B) = P(C) = \dfrac{1}{4}, P(AB) = P(BC) = 0, P(AC) = \dfrac{1}{8}$,求事件 A, B, C 至少有一个发生的概率。

5.一栋 10 层楼的楼房中的一架电梯。在底层登上 7 位乘客,电梯在每一层楼都停,从第二层起可能有乘客离开电梯,假设每一位乘客在任意一层离开电梯是等可能的,求没有两位及两位以上的乘客在同一层离开的概率。

6. 将 1、2、3、4、5 这 5 个数字任意排列,求:
   (1) 数字 1 排在正中间的概率;
   (2) 数字 1 和 2 排在相邻位置的概率;
   (3) 数字 1 与 2 只间隔一个数字的概率。

7. 在分别写有 2、4、6、7、8、11、12、13 的八张卡片中任取两张,把两张卡片上的数字组成一个分数,求所得分数为既约分数的概率。

8. 在写有从 1 到 10 的 10 张卡片中任取三张,求:
   (1) 取得的最大号码为 5 的概率;
   (2) 取得的最小号码为 5 的概率。

9. 将 3 个球随机放入 4 个盒子中(每个盒子容量 $\geqslant 3$),求盒子中球的最大个数分别为 1、2、3 的概率。

10. 在 1500 个产品中有 400 个次品,1100 个正品,从中任取 200 个,求:
    (1) 恰有 90 个次品的概率;
    (2) 至少有 2 个次品的概率。

11. 任取一个正整数,求下列事件的概率:
    (1) 该数平方的末位数字是 1;
    (2) 该数四次方的末位数字是 1;
    (3) 该数立方的最后两位数字都是 1。

12. 某油漆公司发出 17 桶油漆,其中白漆 10 桶、黑漆 4 桶、红漆 3 桶,在搬运途中所有标签脱落,交货人随机将油漆发给顾客。问一个订货为 4 桶白漆、3 桶黑漆和 2 桶红漆的顾客,能按所定颜色如数得到订货的概率是多少?

13. 已知 $P(\bar{A}) = 0.3, P(B) = 0.4, P(A\bar{B}) = 0.5$,求 $P(B \mid A \bigcup \bar{B})$。

14. 已知 $P(A) = \dfrac{1}{4}, P(B \mid A) = \dfrac{1}{3}, P(A \mid B) = \dfrac{1}{2}$,求 $P(A \bigcup B)$。

15. 某班有 n 个学生参加口试,考签共有 $N(N \leqslant n)$ 张,每个人抽到考签后放回,在考试结束后,问至少有一张考签没有被抽到的概率是多少?

16. 已知 10 件产品中有 2 件次品,在其中任取两次,每次一件,作不放回抽样,求下列各事件的概率:
    (1) 两件都是正品;
    (2) 两件都是次品;
    (3) 一件正品,一件次品;
    (4) 第二次取出的是次品。

17. 在某城市中共发行三种报纸:甲、乙、丙,在这个城市的居民中,订甲报的有 45%,订乙报的有 35%,订丙报的有 30%,同时订甲、乙两报的有 10%,同时订甲、丙两报的有 8%,同时订乙、丙两报的有 5%,同时订三种报的有 3%。求下列事件的概率:
    (1) 只订一种报纸的;

(2) 正好订两种报纸的；

(3) 至少订一种报纸的；

(4) 不订任何报纸的。

18. 设甲袋中有 n 只白球、m 只红球，乙袋中有 N 只白球、M 只红球。

(1) 先从甲袋中任取一球放入乙袋中，再从乙袋中任取一只球，求取出的是白球的概率；

(2) 若先从甲袋中任取两只球放入乙袋中，再从乙袋中任取一只球，求取出的是白球的概率。

19. 若甲袋中有 5 只白球、4 只红球，先从甲袋中任取 2 只球放入乙袋中，再从乙袋中任取 2 只球，求这两只球恰为一白一红的概率。

20. 某种产品的商标为"MAXAM"，其中有两个字母脱落，有人捡起随机贴上，求贴上后仍为"MAXAM"的概率。

21. 已知男性中有 5% 是色盲患者，女性中有 0.25% 是色盲患者，今从男女人数相等的一组人群中任选一人。

(1) 求此人是色盲患者的概率；

(2) 若已知此人为色盲患者，求此人是男性的概率。

22. 一个学生接连参加同一课程的两次考试，第一次及格的概率为 p，若第一次及格则第二次及格的概率也为 p；若第一次不及格则第二次及格的概率为 $\dfrac{p}{2}$。

(1) 若至少有一次及格则他能获得某种资格，求他取得该资格的概率；

(2) 若已知他第二次考试及格，求他第一次考试及格的概率。

23. 将两信息分别编码为 A 和 B 传递出去，接收站接收时，A 被误收作 B 的概率为 0.02，而 B 被误收作 A 的概率为 0.01，信息 A 和 B 传递的频繁程度为 2:1，若接收站接收到的是信息 A，问原发信息是 A 的概率是多少？

24. 某保险公司把被保险人分为 3 类："谨慎的""一般的""冒失的"。统计资料表明，上述三种人在一年内发生事故的概率依次为 0.05、0.15 和 0.30；如果"谨慎的"被保险人占 20%，"一般的"占 50%，"冒失的"占 30%，求被保险人一年内出事故的概率；若已知被保险人一年内出了事故，则他是"冒失的"的概率是多少？

25. 有两箱同种类的零件，第一箱装 50 只，其中 10 只一等品；第二箱装 30 只，其中 18 只一等品。今从两箱中任取一箱，然后从该箱取零件两次，每次一只，作不放回抽样。求：

(1) 第一次取到的零件是一等品的概率；

(2) 在第一次取到一等品的条件下，第二次也取到一等品的概率。

26. 加工某一零件需要经过四道工序，设第一、第二、第三、第四道工序的次品率分别为 0.02、0.03、0.05、0.03，假定各道工序是相互独立的，求加工出来的零件的次品率。

27. 设每次射击的命中率为 0.2，问至少必须进行多少次独立射击才能使至少击中一次的概率不小于 0.9？

28. 两人轮流射击同一目标，甲命中的概率为 a，乙命中的概率为 b，甲先射击，乙后射击，谁先击中谁获胜，求甲获胜的概率。

29. 一张英语试卷，有 10 道选择填空题，每题有 4 个选择答案，且其中只有一个是正确答案。某同学投机取巧，随意填空，求他至少填对 6 道题的概率。

第 2 章

随机变量及其分布

为了从整体上研究随机试验,我们引入取值实数的变量,称为随机变量,随机试验的所有可能结果对应着这个变量的值,当我们掌握了随机变量的取值及相应的概率特征后,也就整体上掌握了这个随机试验。

引入随机变量及其分布的概念后,可以忽略其实际背景,运用高等数学的相关知识来了解其数学上的一般规律性。

2.1 随机变量的概念与离散型随机变量

2.1.1 随机变量的概念

随机试验的基本结果,多数可直接用数量表示,如抛一枚骰子出现的点数,抽检产品的寿命等;而有些并不直接是数量,如抽查学生的性别,抽出玻璃球的颜色等。为了深入研究随机现象,我们将随机试验的每个基本结果都用一个实数来表示,即建立样本空间到实数集的对应。

定义 2.1 设随机试验的样本空间为 $\Omega = \{e\}$,$X = X(e)$ 是定义在 Ω 上的实值单值函数,称 $X = X(e)$ 为**随机变量**。

我们用大写字母 $X, Y, Z, \cdots$ 表示随机变量,用小写字母 $x, y, z, \cdots$ 表示其取值。

根据定义,随机变量作为一个集函数,要求对样本空间中的每个元素 e,有唯一的实数 $X(e)$ 与之对应,随机变量的定义还有个要求,即 $\{e \mid X(e) \leqslant x\}$ 是事件,由于实际应用中很少用到,定义中未提及这个要求。

例如,随机试验是抛一枚硬币一次,样本空间取为 $\Omega = \{e_1, e_2\}$,元素 e_1, e_2 分别表示"正面向上"和"反面向上"。

若随机变量 X 表示正面向上的次数,则
$$X(e_1) = 1, \ X(e_2) = 0;$$
若随机变量 X 表示反面向上的次数,则
$$X(e_1) = 0, \ X(e_2) = 1;$$
更一般地,在这个随机试验中,若正面向上,有 10 点奖励,反面向上,有 5 点奖励,随机变量 X 表示奖励点数,则
$$X(e_1) = 10, \ X(e_2) = 5。$$

对于随机变量 X,样本空间的子集 $\{e \mid X(e) \leqslant x\}$ 是一个事件,简记为 $\{X \leqslant x\}$;另外,$\{X = a\}, \{X < a\}, \{a < X \leqslant b\}, \{a \leqslant X \leqslant b\}$ 等都表示事件。

例 2.1   抛一枚硬币 3 次,随机变量 X 表示正面向上的次数,则

$\{X = 2\}$ 表示随机事件"恰好出现 2 次正面",其概率 $P\{X = 2\} = \dfrac{3}{8}$;

$\{X \geqslant 1\}$ 表示随机事件"至少出现 1 次正面",其概率 $P\{X \geqslant 1\} = \dfrac{7}{8}$。

2.1.2   离散型随机变量及其分布律

如果随机变量所有可能的取值是有限个或可数无穷多个,则称这种随机变量为**离散型随机变量**。对于离散型随机变量,重要的是随机变量的所有可能取值和取每个可能值的概率。

设随机变量 X 的所有可能取值为 $x_1, x_2, \cdots, X$ 取每个可能值的概率为

$$P\{X = x_i\} = p_i, i = 1, 2, \cdots, \tag{2.1}$$

称(2.1)式为**离散型随机变量的分布**或**分布律**。

分布律也可以表示为表格形式(如表 2-1):

表 2-1

X	x_1	x_2	$\cdots$	x_i	$\cdots$
p_i	p_1	p_2	$\cdots$	p_i	$\cdots$

离散型随机变量的分布律满足如下两条性质:

(1) $p_i \geqslant 0, i = 1, 2, \cdots$;

(2) $\sum\limits_{i=1}^{\infty} p_i = 1$。

例 2.2   给出例 2.1 中随机变量 X 的分布律,并根据分布律计算概率 $P\{X \geqslant 1\}$ 以及 $P\{0 < X \leqslant 2\}$。

解 X 的所有可能取值为 $0, 1, 2, 3$,有

$$P\{X = i\} = C_3^i \left(\frac{1}{2}\right)^3 = \frac{1}{8} C_3^i, i = 0, 1, 2, 3,$$

计算得

表 2-2

X	0	1	2	3
p_i	$\frac{1}{8}$	$\frac{3}{8}$	$\frac{3}{8}$	$\frac{1}{8}$

则

$$P\{X \geqslant 1\} = P\{X = 1\} + P\{X = 2\} + P\{X = 3\}$$
$$= \frac{3}{8} + \frac{3}{8} + \frac{1}{8} = \frac{7}{8},$$

$$P\{0 < X \leqslant 2\} = P\{X = 1\} + P\{X = 2\} = \frac{3}{8} + \frac{3}{8} = \frac{6}{8} = \frac{3}{4}。$$

2.1.3 几种重要的离散型随机变量

1. 两点分布

若随机变量 X 只可能取 0 和 1 两个值,其分布律为
$$P\{X=1\}=p,\ P\{X=0\}=q,$$
其中 $0<p<1,q=1-p$,则称 X 服从参数为 p 的**两点分布**,也称为 0-1 分布,其分布律为

表 2-3

X	0	1
p_i	q	p

对于任意的随机试验,如果我们只关心某个事件 A 是否发生,则可构造只包含两个基本事件的样本空间 $\Omega=\{e_1,e_2\}$,e_1,e_2 分别表示事件"A 发生"和"A 不发生"。

若 $P(A)=p$ 且 $0<p<1$,令
$$X(e_1)=1,\ X(e_2)=0,$$
也就是 $\{X=1\}$ 表示事件"A 发生",$\{X=0\}$ 表示事件"A 不发生",则随机变量 X 服从两点分布。

2. 二项分布

若随机变量 X 的分布律为
$$P\{X=k\}=C_n^k p^k q^{n-k},k=0,1,2,\cdots,n,0<p<1 \text{ 且 } q=1-p,$$
则称 X 服从参数为 n,p 的**二项分布**,记为 $X\sim b(n,p)$。

显然
$$p_k=P\{X=k\}\geqslant 0,k=0,1,2,\cdots,n,$$
并且
$$\sum_{k=0}^{n}p_k=\sum_{k=0}^{n}C_n^k p^k q^{n-k}=(p+q)^n=1,$$
可见这里的 p_k 满足随机变量分布律的性质。

注意到 $P\{X=k\}=C_n^k p^k q^{n-k}$ 正是二项式 $(p+q)^n$ 展开式中的一项,这也是这个分布的名称的来历。

第 1 章 n 重伯努利试验中,事件 A 恰好发生 k 次的概率就是二项分布中
$$P\{X=k\}=C_n^k p^k q^{n-k},$$
可以用 $X\sim b(n,p)$ 来描述 n 重伯努利试验中事件 A 发生的次数。

显然,例 2.2 中随机变量 $X\sim b\left(3,\dfrac{1}{2}\right)$,是一个描述 3 重伯努利试验的例子,$X$ 服从二项分布。

例 2.3 甲、乙两支篮球队比赛,在一场比赛中,甲队获胜(没有平局)的概率为 0.6,现在有两个比赛方案,比赛 3 场或比赛 5 场,获胜场次多的一方胜利,分别在两个方案下

计算甲篮球队胜利的概率。

解　甲篮球队要胜利,必须在 3 场比赛中获胜至少 2 场、在 5 场比赛中获胜至少 3 场。设甲篮球队获胜场次数为随机变量 X,则在 3 场比赛方案中,$X \sim b(3,0.6)$,甲篮球队胜利的概率为

$$P\{X \geqslant 2\} = P\{X = 2\} + P\{X = 3\}$$
$$= C_3^2 0.6^2 0.4 + 0.6^3 = 0.648;$$

在 5 场比赛方案中,$X \sim b(5,0.6)$,甲篮球队胜利的概率为

$$P\{X \geqslant 3\} = \sum_{k=3}^{5} C_5^k 0.6^k 0.4^{5-k} = 0.683。$$

可见,从胜利的概率角度来说,比赛场次越多,对强队越有利。

例 2.4　有一大批产品,其验收方案如下,先做第一次检验:从中任取 10 件,经验收若无次品则接受这批产品,次品数大于 2 则拒收;否则作第二次检验,其做法是从中再任取 5 件,仅当 5 件中无次品时接受这批产品,若产品的次品率为 10%,求:

(1) 这批产品经第一次检验就能接受的概率;

(2) 需作第二次检验的概率;

(3) 这批产品按第二次检验的标准被接受的概率;

(4) 这批产品在第一次检验未能做决定且第二次检验时被通过的概率;

(5) 这批产品被接受的概率。

解　设 X 表示 10 件中次品的个数,Y 表示 5 件中次品的个数,由于产品总数很大,近似地,$X \sim b(10,0.1)$,$Y \sim b(5,0.1)$,则

(1) $P\{X = 0\} = 0.9^{10} = 0.349$;

(2) $P\{1 \leqslant X \leqslant 2\} = P\{X = 1\} + P\{X = 2\} = C_{10}^1 0.1^1 0.9^9 + C_{10}^2 0.1^2 0.9^8 = 0.581$;

(3) $P\{Y = 0\} = 0.9^5 = 0.590$;

(4) $P\{1 \leqslant X \leqslant 2, Y = 0\} = P\{1 \leqslant X \leqslant 2\}P\{Y = 0\} = 0.343$(两次检验结果独立);

(5) $P\{X = 0\} + P\{1 \leqslant X \leqslant 2, Y = 0\} = 0.692$。

3. 泊松分布

定理 2.1　(泊松定理) 设 $\lim\limits_{n \to \infty} np_n = \lambda (\lambda > 0$ 是常数),则对任意的非负整数 k,有

$$\lim_{n \to \infty} C_n^k p_n^k (1 - p_n)^{n-k} = \frac{\lambda^k e^{-\lambda}}{k!}。$$

若随机变量 X 的分布律为

$$P\{X = k\} = \frac{\lambda^k e^{-\lambda}}{k!}, k = 0,1,2,\cdots,$$

其中 $\lambda > 0$ 是常数,则称 X 服从参数为 λ 的**泊松分布**,记为 $X \sim P(\lambda)$。

显然 $p_k = P\{X = k\} \geqslant 0$,且

$$\sum_{k=0}^{\infty} p_k = \sum_{k=0}^{\infty} \frac{\lambda^k e^{-\lambda}}{k!} = e^{-\lambda} \sum_{k=0}^{\infty} \frac{\lambda^k}{k!} = e^{-\lambda} e^{\lambda} = 1。$$

例 2.5　设某商店中每月销售某种商品的数量服从参数为 5 的泊松分布,问在月初进货时至少应进多少件此种商品,才能保证当月不脱销的概率为 0.95?

解　设 X 是商店中每月销售这种商品的数量,a 是月初进货量,则事件"当月不脱销"可表示为 $\{X \leqslant a\}$,又由题设知 $X \sim P(5)$,于是由 $P\{X \leqslant a\} \geqslant 0.95$,得 $P\{X \geqslant a+1\} \leqslant 0.05$,查附表中的泊松分布表得 $a+1 \geqslant 10$,即得 $a \geqslant 9$。即在月初进货时至少应进 9 件此种商品,才能保证当月不脱销的概率为 0.95。

对于二项分布 $b(n,p)$,当 n 很大,p 很小时,泊松定理给出了利用泊松分布近似计算二项分布概率的公式

$$C_n^k p_n^k (1-p_n)^{n-k} \approx \frac{\lambda^k e^{-\lambda}}{k!}, k = 0,1,2,\cdots,n。$$

或者说,若

$$X \sim b(n,p), \lambda = np, Y \sim P(\lambda),$$

则

$$P\{X = k\} \approx P\{Y = k\}, k = 0,1,2,\cdots,n。$$

在实际计算时,一般认为,当 $n \geqslant 20, p \leqslant 0.05$ 时,近似效果较好;当 $n \geqslant 100, np \leqslant 10$ 时,近似效果非常好。

例 2.6　设有 5000 个元件,每个元件损坏的概率为 0.001,且各元件损坏与否相互独立,求至少有 2 个元件损坏的概率。

解　设 X 是损坏元件数,则 $X \sim b(n,p), n = 5000, p = 0.001$,记 $\lambda = np = 5$,$Y \sim P(\lambda)$,由泊松定理及泊松分布表得

$$P\{X \geqslant 2\} \approx P\{Y \geqslant 2\} = 0.96。$$

从这个例子可以看出,当 n 很大时,计算二项分布概率很麻烦,如这个例子中计算 $P\{X = 2\} = C_{5000}^2 0.001^2 0.999^{4998}$,而当 n 很大,p 很小时,利用泊松定理做近似计算就很简单,近似效果也很好。

泊松分布是重要的离散型随机变量分布,有广泛的应用。若每次试验中一个事件发生的概率很小,称这个事件为**稀有事件**,由泊松定理知,泊松分布可以作为描述大量试验中稀有事件出现的次数的数学模型。比如,某商店门前有大量的人经过,每人以一个较小的概率进入商店,则进入商店的人数可以用泊松分布描述;同样地,在大量产品中抽检较多产品,检查出的次品数;数字通讯中的误码数;放射性物质放射出的粒子数等,都可以用泊松分布描述。

2.2　随机变量的分布函数

2.2.1　分布函数的概念

对于随机变量 X,一方面要确定其取值范围,另一方面要掌握其概率特征,一般随机变量的取值不一定能一一列出,这时我们需要研究随机变量落在某区间的概率,由于

$$P\{a < X \leqslant b\} = P\{X \leqslant b\} - P\{X \leqslant a\},$$

问题归结为研究形如 $P\{X \leqslant x\}$ 的概率问题，$P\{X \leqslant x\}$ 随 x 变化而变化，它是 x 的函数，我们称之为分布函数。

定义 2.2   设 X 为随机变量，x 是任意实数，则函数
$$F(x) = P\{X \leqslant x\}$$
称为随机变量 X 的**分布函数**。

分布函数实质是概率累积函数，$F(x) = P\{X \leqslant x\}$ 表示随机变量 X 落在区间 $(-\infty, x]$ 的概率。对任意实数 $a, b (a < b)$，由
$$P\{a < X \leqslant b\} = F(b) - F(a),$$
可以得到 X 落入区间 $(a, b]$ 的概率。

对于离散型随机变量 X，分布函数 $F(x)$ 可由下面公式得到
$$F(x) = P\{X \leqslant x\} = \sum_{x_i \leqslant x} P\{X = x_i\} = \sum_{x_i \leqslant x} p_i。$$

例 2.7   离散型随机变量 X 的分布律为

表 2-4

X	0	1	2
p_i	0.2	0.5	0.3

求 X 的分布函数。

解   由
$$F(x) = P\{X \leqslant x\},$$
对 $x < 0$，$(-\infty, x]$ 内不包含随机变量 X 的任何可能取值，因此
$$F(x) = 0;$$
对 $0 \leqslant x < 1$，$(-\infty, x]$ 内只包含随机变量 X 的一个可能取值 $x_1 = 0$，因此
$$F(x) = P\{X \leqslant x\} = P\{X = 0\} = 0.2;$$
对 $1 \leqslant x < 2$，$(-\infty, x]$ 内包含随机变量 X 的两个可能取值 $x_1 = 0, x_2 = 1$，因此
$$F(x) = P\{X \leqslant x\} = P\{X = 0\} + P\{X = 1\} = 0.2 + 0.5 = 0.7;$$
对 $x \geqslant 2$，$(-\infty, x]$ 内包含随机变量 X 的所有可能取值，因此
$$F(x) = P\{X \leqslant x\} = 1,$$
故 X 的分布函数为
$$F(x) = \begin{cases} 0, & x < 0, \\ 0.2, & 0 \leqslant x < 1, \\ 0.7, & 1 \leqslant x < 2, \\ 1, & x \geqslant 2。 \end{cases}$$

2.2.2   分布函数的性质

分布函数的性质：

(1) $0 \leqslant F(x) \leqslant 1 (-\infty < x < +\infty)$；

(2) $F(x)$ 是单调不减的函数；

(3) $F(-\infty)=\lim\limits_{x\to-\infty}F(x)=0,F(+\infty)=\lim\limits_{x\to+\infty}F(x)=1$；

(4)$F(x)$ 右连续。

事实上，分布函数 $F(x)$ 的值是概率，故 $0\leqslant F(x)\leqslant1(-\infty<x<+\infty)$，对任意实数 $x_1,x_2(x_1<x_2)$，有

$$F(x_2)-F(x_1)=P\{x_1<X\leqslant x_2\}\geqslant0,$$

即 $F(x)$ 是单调不减的函数，性质(3)、(4)证明略。

反之，满足这 4 个性质的函数，是某一个随机变量的分布函数。

例 2.7 中，离散型随机变量 X 的分布函数 $F(x)$ 满足以上性质，是阶梯型函数，在随机变量可能取值的点有一个跳跃，跳跃幅度是随机变量取这个值的概率，分布函数在随机变量可能取值的点间断但右连续。

对于随机变量 X 落在其他形式区间或取某个值的概率，也可以用分布函数 $F(x)$ 表示，如：$P\{X>a\}=1-F(a)$；$P\{X=a\}=F(a)-F(a-0)$；$P\{X<a\}=F(a-0)$ 等。

2.3　连续型随机变量及其概率密度

2.3.1　连续型随机变量

离散型随机变量的所有可能取值可以逐个列出，但在客观实际中，大量随机变量的取值是区间，而区间的点不能逐个列出，我们描述这种随机变量时，不能完全照搬离散型随机变量的描述方法。本节针对这种类型的随机变量给出连续型随机变量的概念。

定义 2.3　设 $F(x)$ 是随机变量 X 的分布函数，若存在非负函数 $f(x)$，对任意实数 x，有

$$F(x)=\int_{-\infty}^{x}f(t)\mathrm{d}t,$$

则称 X 为**连续型随机变量**。其中，$f(x)$ 称为 X 的概率密度函数或密度函数，简称**密度**。

由定义可知，连续型随机变量的分布函数是连续函数。

连续型随机变量的分布函数 $F(x)$ 可以由概率密度函数 $f(x)$ 确定，同样，在 $f(x)$ 的连续点处

$$F'(x)=f(x),$$

这说明，连续型随机变量的分布函数和概率密度函数同样地完全刻画了随机变量的概率分布。

若给定连续型随机变量 X 的分布函数或者概率密度函数，容易求出 X 落在区间 $(a,b]$ 的概率

$$P\{a<X\leqslant b\}=F(b)-F(a)=\int_{a}^{b}f(x)\mathrm{d}x。$$

相应于离散型随机变量的分布律中 p_i 的性质，连续型随机变量的概率密度函数 $f(x)$

具有如下基本性质：

(1) $f(x) \geqslant 0$；

(2) $\int_{-\infty}^{+\infty} f(x) \mathrm{d}x = 1$。

反之，满足这两条性质的函数是某个随机变量的概率密度函数。

概率密度函数与物理学上线密度类似，$f(x)$ 并不是表示随机变量取值 x 的概率。随机变量 X 落在区间 $(x, x+\Delta x]$ 上的概率除以区间长度可以看作随机变量 X 在该区间上的平均概率密度，当 $\Delta x \to 0^+$ 时的极限就得到随机变量 X 在点 x 处的概率密度，在 $f(x)$ 的连续点处，有

$$f(x) = \lim_{\Delta x \to 0^+} \frac{P\{x < X \leqslant x + \Delta x\}}{\Delta x}。$$

连续型随机变量的分布函数是密度函数的积分，密度函数在有限个点上函数值的变化并不会改变积分结果；由分布函数求导来得到密度函数时，分布函数的有限个不可导点并不会影响求密度函数。事实上，对于任意实数 a，随机变量落在区间 $(a - \Delta x, a]$ 上的概率

$$P\{a - \Delta x < X \leqslant a\} = F(a) - F(a - \Delta x),$$

而随机变量取值 a 的概率 $P\{X = a\}$ 满足

$$0 \leqslant P\{X = a\} \leqslant P\{a - \Delta x < X \leqslant a\},$$

由 $F(x)$ 连续性知，当 $\Delta x \to 0^+$ 时，有

$$F(a) - F(a - \Delta x) \to 0,$$

由夹逼定理知

$$P\{X = a\} = 0。$$

也就是说，连续型随机变量取任意一个特定值的概率为 0。由这一性质，我们在求连续型随机变量落在区间的概率时，不必区分区间的开闭，即有

$$P\{a < X \leqslant b\} = P\{a \leqslant X \leqslant b\} = P\{a < X < b\} = P\{a \leqslant X < b\}$$
$$= F(b) - F(a) = \int_a^b f(x) \mathrm{d}x。$$

第 1 章曾指出，概率为零的事件不一定是不可能事件。对于连续型随机变量 X，事件 $\{X = a\}$ 是"零概率事件"，但不是不可能事件。

例 2.8　随机变量 X 的密度函数为

$$f(x) = \begin{cases} cx, & x \in [0,1], \\ 0, & \text{其他}。 \end{cases}$$

(1) 求常数 c；

(2) 求 X 分布函数 $F(x)$；

(3) 求 $P\{0.3 < X < 0.8\}$。

解　(1) 由密度函数的性质知：$1 = \int_{-\infty}^{+\infty} f(x) \mathrm{d}x = \int_0^1 cx \mathrm{d}x = \frac{c}{2}$，得 $c = 2$；

（2）已知

$$f(x) = \begin{cases} 2x, & x \in [0,1], \\ 0, & \text{其他。} \end{cases}$$

而 $F(x) = \int_{-\infty}^{x} f(t)\mathrm{d}t$，于是当 $x < 0$ 时，$F(x) = 0$；当 $x > 1$ 时，$F(x) = 1$；当 $0 \leqslant x \leqslant 1$

时，$F(x) = \int_{0}^{x} 2t\mathrm{d}t = x^2$，即

$$F(x) = \begin{cases} 0, & x < 0, \\ x^2, & 0 \leqslant x \leqslant 1, \\ 1, & x > 1; \end{cases}$$

（3）$P\{0.3 < X < 0.8\} = F(0.8) - F(0.3) = 0.55$。

在上例中，求出分布函数 $F(x)$ 后求概率，用分布函数较简单。若已知密度函数 $f(x)$，没求出分布函数 $F(x)$ 时求概率，则直接运用密度函数积分更直接：

$$P\{0.3 < X < 0.8\} = \int_{0.3}^{0.8} 2x\mathrm{d}x = 0.55。$$

密度函数 $f(x)$、分布函数 $F(x)$ 中的待定常数，可以考虑由密度函数 $f(x)$、分布函数 $F(x)$ 的性质来确定。注意连续型随机变量的分布函数是连续函数。

2.3.2　几种重要的连续型随机变量

1. 均匀分布

若连续型随机变量 X 的密度函数为

$$f(x) = \begin{cases} \dfrac{1}{b-a}, & a \leqslant x \leqslant b, \\ 0, & \text{其他。} \end{cases}$$

则称 X 在区间 $[a,b]$ 上服从**均匀分布**，记为 $X \sim U[a,b]$。

均匀性表现在 $f(x)$ 在区间 $[a,b]$ 上为常数，而密度函数的性质 $\int_{-\infty}^{+\infty} f(x)\mathrm{d}x = 1$ 决定了这个常数为 $\dfrac{1}{b-a}$。

容易计算得到 X 的分布函数为

$$F(x) = \begin{cases} 0, & x < a, \\ \dfrac{x-a}{b-a}, & a \leqslant x < b, \\ 1, & x \geqslant b。 \end{cases}$$

若随机变量 $X \sim U[a,b]$，且区间 $[c,d] \subset [a,b]$，则

$$P\{c \leqslant X \leqslant d\} = \frac{d-c}{b-a},$$

这个概率与区间 $[c,d]$ 的长度成正比，而与区间 $[c,d]$ 的位置无关，这是均匀分布的直观意义。

例 2.9 某汽车站汽车发往东、西两个方向,往东的汽车从上午 8:00 开始发车,往西的汽车从上午 8:05 开始发车,都是每 30 分钟一趟,某乘客到站时间是 9:00 到 9:30 间均匀分布的随机变量,乘客到站后乘坐随后最先发出的汽车,试求该乘客乘坐的汽车是往东的概率。

解 设乘客在 9:00 过 X 分钟到达汽车站,则 $X \sim U[0,30]$,当 $0 < X \leqslant 5$ 时,随后最先发出的汽车往西;当 $5 \leqslant X \leqslant 30$ 时,随后最先发出的汽车往东,于是所求的概率为

$$P\{5 \leqslant X \leqslant 30\} = \frac{30-5}{30-0} = \frac{5}{6}。$$

2. 指数分布

若连续型随机变量 X 的密度函数为

$$f(x) = \begin{cases} \lambda e^{-\lambda x}, & x > 0, \\ 0, & x \leqslant 0。 \end{cases}$$

其中 $\lambda > 0$ 为常数,则称 X 服从参数为 λ 的**指数分布**,记为 $X \sim E(\lambda)$。

容易验证,$f(x)$ 满足密度函数的性质,且 X 的分布函数为

$$F(x) = \begin{cases} 1 - e^{-\lambda x}, & x > 0, \\ 0, & x \leqslant 0。 \end{cases}$$

指数分布在排队论和可靠性理论中有广泛的应用,例如,电子元件的寿命、电话通话的时间、服务系统服务时间等。

例 2.10 某电子元件寿命(小时)$X \sim E(\lambda)$,对于任意的非负实数 s 及 t,试求:
(1) $P\{X > t\}$;(2) $P\{X > s+t \mid X > s\}$。

解 (1) $P\{X > t\} = 1 - F(t) = e^{-\lambda t}$;

(2) $P\{X > s+t \mid X > s\} = \dfrac{P\{X > s, X > s+t\}}{P\{X > s\}}$

$$= \frac{P\{X > s+t\}}{P\{X > s\}} = \frac{1 - F(s+t)}{1 - F(s)} = \frac{e^{-\lambda(s+t)}}{e^{-\lambda s}} = e^{-\lambda t}。$$

在上例中,$P\{X > t\}$ 是电子元件至少能使用 t 小时的概率,$P\{X > s+t \mid X > s\}$ 是已经使用 s 小时没损坏的条件下,还能继续至少使用 t 小时的概率。这两者相等,说明已用过但没有损坏的电子元件使用效果等同于新的电子元件,电子元件对它的使用经历没有记忆,这称为指数分布的"**无记忆性**",即对任意的非负实数 s 及 t,有

$$P\{X > t\} = P\{X > s+t \mid X > s\}。$$

机械部件在使用过程中,会显著发生磨损老化,而电子元件在使用的初期阶段老化现象不显著,可以用指数分布来描述电子元件的寿命。

3. 正态分布

若连续型随机变量 X 的密度函数为

$$f(x) = \frac{1}{\sqrt{2\pi}\sigma} e^{-\frac{(x-\mu)^2}{2\sigma^2}}, \quad -\infty < x < +\infty,$$

其中 $\mu \in \mathbf{R}, \sigma > 0$ 为常数,则称 X 服从参数为 μ, σ 的**正态分布**,记为 $X \sim N(\mu, \sigma^2)$。

正态分布的概率密度函数是钟形曲线,关于 $x = \mu$ 对称,当 σ 固定而 μ 变动时,曲线形状不变沿 x 轴平移。当 μ 固定而 σ 变动时,曲线对称轴位置不变,形状改变,σ 越小,曲线越"陡峭",σ 越大,曲线越"平缓",如图 2-1 所示。

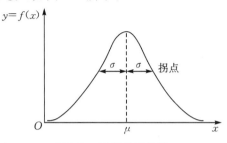

图 2-1　正态分布曲线

正态分布是概率论与数理统计中最重要的分布之一,在实际问题中有大量随机变量服从或近似服从正态分布。一个随机变量,如果受到很多相互独立的随机因素的影响,而每个因素都不起决定性作用,这个随机变量就服从或近似服从正态分布,如测量误差、计算误差、产品质量指标、农作物产量等。

当 $\mu = 0, \sigma = 1$ 时称 X 服从**标准正态分布** $N(0,1)$,其概率密度和分布函数分别用 $\phi(x), \Phi(x)$ 表示,即

$$\phi(x) = \frac{1}{\sqrt{2\pi}} e^{-\frac{x^2}{2}}, \quad \Phi(x) = \int_{-\infty}^{x} \frac{1}{\sqrt{2\pi}} e^{-\frac{t^2}{2}} dt,$$

由密度曲线的对称性易知,$\Phi(-x) = 1 - \Phi(x)$。

若 $X \sim N(0,1)$,可以通过查 $\Phi(x)$ 的函数值表(见附表)来求概率。例如,随机变量 $X \sim N(0,1)$,则

$$P\{-1 < X < 2\} = \Phi(2) - \Phi(-1)$$
$$= \Phi(2) - [1 - \Phi(1)]$$
$$= \Phi(2) + \Phi(1) - 1,$$

而 $\Phi(1), \Phi(2)$ 可在附表查出。

借助于标准正态分布表,容易计算在正态分布情形下任意事件发生的概率。事实上,若 $X \sim N(\mu, \sigma^2)$,令 $Y = \dfrac{X - \mu}{\sigma}$,则 $Y \sim N(0,1)$。

例 2.11　设随机变量 $X \sim N(1, 2^2)$,求 $P\{2 < X < 3\}$。

解　　　　$P\{2 < X < 3\} = P\left\{ \dfrac{2-1}{2} < \dfrac{X-1}{2} < \dfrac{3-1}{2} \right\}$
$$= \Phi(1) - \Phi(0.5) = 0.8413 - 0.6915 = 0.1498。$$

一般地,若 $X \sim N(\mu, \sigma^2)$,则

$$P\{x_1 < X < x_2\} = \Phi\left(\frac{x_2 - \mu}{\sigma} \right) - \Phi\left(\frac{x_1 - \mu}{\sigma} \right)。$$

设随机变量 $X \sim N(\mu, \sigma^2)$,则

$$P\{\mu - \sigma < X < \mu + \sigma\} = \Phi(1) - \Phi(-1) = 2\Phi(1) - 1 = 0.6826;$$

$$P\{\mu - 2\sigma < X < \mu + 2\sigma\} = 2\varPhi(2) - 1 = 0.9544;$$

$$P\{\mu - 3\sigma < X < \mu + 3\sigma\} = 2\varPhi(3) - 1 = 0.9974。$$

正态分布随机变量的取值范围是$(-\infty, +\infty)$,由于$P\{\mu - 3\sigma < X < \mu + 3\sigma\} = 0.9974$,在实际问题中,基本可以认为$|X - \mu| < 3\sigma$,称之为"$3\sigma$原则"。

例 2.12　公共汽车的车门高度是按成年男子与车门顶碰头的机会在1%以下设计的。设男子身高(厘米)$X \sim N(170, 6^2)$,问车门高度如何确定?

解　设车门高度为h,按设计要求有,$P\{X \geqslant h\} \leqslant 0.01$或$P\{X < h\} \geqslant 0.99$,因为$X \sim N(170, 6^2)$,故

$$P\{X < h\} = \varPhi\left(\frac{h - 170}{6}\right) \geqslant 0.99,$$

查表得$\varPhi(2.33) = 0.9901$,取$\dfrac{h - 170}{6} = 2.33$,得$h = 184$,即车门高度设计为184(厘米)可以满足要求。

例 2.13　设随机变量$X \sim N(3, 1)$,对X进行3次独立观测,求至少有两次观测值大于3的概率。

解　由于$X \sim N(3, 1)$,则

$$P\{X > 3\} = 1 - P\{X \leqslant 3\} = 1 - \varPhi\left(\frac{3 - 3}{1}\right) = 1 - \varPhi(0) = 0.5,$$

设Y是3次独立观测中,观测值大于3的次数,则$Y \sim b(3, 0.5)$,所以

$$P\{Y \geqslant 2\} = C_3^2\, 0.5^3 + C_3^3\, 0.5^3 = 0.5。$$

在实际问题中,数值型变量的取值可以是离散的或连续的,离散变量是指其取值只能是整数,也称为离散数据,例如:企业个数、设备台数、公司新增职员数等,只能按计量单位数计数。连续变量在一定区间内可以任意取值,也称为连续数据,其数值是连续不断的,相邻两个数值可作无限分割,例如,人体身高、体重,生产零件的规格尺寸,产品寿命等为连续数据,其数值用测量或计量的方法取得。

若实际问题数据是离散的,我们处理这种数据时,可以采用连续方法,如国家人口研究中,人口数量巨大,可以把人口当作连续变量,称为离散数据连续化。

同样的,若实际问题数据是连续的,我们处理这种数据时,可以采用离散方法,如日常生活中,人体身高是以厘米为单位离散处理的,产品寿命可以按年为单位离散处理,称为连续数据离散化。

连续数据离散化,一般是把连续数据按一定原则分割成一些小区间,每个小区间的数据用整数表示。人体身高可以以厘米为单位用整数表示,当我们说身高是172(厘米)时,指身高在$[171.5, 172.5)$这个区间内。

当我们说男子身高(厘米)$X \sim N(170, 6^2)$时,把身高当作连续变量,这时身高为172(厘米)表示一个点,$P\{X = 172\} = 0$。若在日常离散数据描述下计算身高为172(厘米)的概率,这时身高表示一个区间,其概率为$P\{171.5 \leqslant X < 172.5\} \neq 0$。

2.4　随机变量函数的分布

对于一些随机变量,它们的分布不易直接得到,但与之有函数关系的随机变量,其分布却很容易知道。因此,有必要研究随机变量之间的函数关系,从已知分布的随机变量得到与之有函数关系的随机变量的分布。

设 X 是随机变量,$y = g(x)$ 是通常的连续函数,则 $Y = g(X)$ 也是随机变量,称之为随机变量 X 的函数。若随机变量 X 的分布已知,如何确定随机变量 Y 的分布就是本节的内容。

2.4.1　离散型随机变量函数的分布

设随机变量 X 的分布为

表 2-5

X	x_1	x_2	$\cdots$	x_i	$\cdots$
p_i	p_1	p_2	$\cdots$	p_i	$\cdots$

$Y = g(X)$ 是随机变量 X 的函数,由 X 的取值 x_i,可以计算得到 $g(x_i)$,若 $g(x_i)$ 互不相同,则 Y 的取值为 $y_i = g(x_i)$,且

$$P\{Y = y_i\} = P\{X = x_i\},$$

得到了 $Y = g(X)$ 的分布。

若 $g(x_i)$ 有相同的,设共有 l 个不同的 $x_{i_1}, x_{i_2}, \cdots, x_{i_l}$,使得

$$g(x_{i_1}) = g(x_{i_2}) = \cdots = g(x_{i_l}) = y_i,$$

则

$$P\{Y = y_i\} = P\{X = x_{i_1}\} + P\{X = x_{i_2}\} + \cdots + P\{X = x_{i_l}\}。$$

例 2.14　设随机变量 X,其分布为

表 2-6

X	0	1	2	3
p_i	0.1	0.2	0.3	0.4

求 $Y = (X - 1)^2$ 的分布。

解　随机变量 X 取值为 $0,1,2,3$,记 $g(x) = (x-1)^2$,则

$$g(0) = 1, \ g(1) = 0, \ g(2) = 1, \ g(3) = 4,$$

随机变量 Y 的取值为 $0,1,4$,显然

$$P\{Y = 0\} = P\{X = 1\} = 0.2, \ P\{Y = 4\} = P\{X = 3\} = 0.4,$$

而 $g(0) = g(2) = 1$,故

$$P\{Y = 1\} = P\{X = 0\} + P\{X = 2\} = 0.4,$$

即得随机变量 Y 的分布为

表 2-7

Y	0	1	4
p_i	0.2	0.4	0.4

2.4.2 连续型随机变量函数的分布

设 X 是连续型随机变量,密度函数为 $f_X(x)$,$Y=g(X)$ 是随机变量 X 的函数,要得到 Y 的密度函数 $f_Y(y)$,一般从分布函数着手:

$$F_Y(y) = P\{Y \leqslant y\} = P\{g(X) \leqslant y\} = P\{X \in D\},$$

最后的概率可以由 $f_X(x)$ 求出,这个方法其要点在从 $g(X) \leqslant y$ 解出 X 的取值范围。

例 2.15 设 X 是连续型随机变量,密度函数为 $f_X(x)$,求 $Y=g(X)=X^2$ 的密度函数。

解 由于 $Y=g(X)=X^2$,当 $y \leqslant 0$ 时,$F_Y(y)=0$;当 $y>0$ 时,有

$$F_Y(y) = P\{Y \leqslant y\} = P\{X^2 \leqslant y\} = P\{-\sqrt{y} \leqslant X \leqslant \sqrt{y}\}$$
$$= F_X(\sqrt{y}) - F_X(-\sqrt{y}),$$

$F_Y(y)$ 关于 y 求导,得

$$f_Y(y) = \begin{cases} \dfrac{1}{2\sqrt{y}}[f_X(\sqrt{y}) + f_X(-\sqrt{y})], & y>0, \\ 0, & y \leqslant 0。 \end{cases}$$

当 $g(x)$ 严格单调时,有下面结论。

定理 2.2 设随机变量 X,密度函数为 $f_X(x)$,又函数 $y=g(x)$ 严格单调,反函数 $h(y)$ 有连续导数,则 $Y=g(X)$ 是连续型随机变量,其密度函数为

$$f_Y(y) = \begin{cases} f_X(h(y))|h'(y)|, & \alpha < y < \beta, \\ 0, & 其他。 \end{cases}$$

其中,$\alpha = \min\{g(-\infty), g(+\infty)\}$,$\beta = \max\{g(-\infty), g(+\infty)\}$。

证 若函数 $y=g(x)$ 严格单调增加,当 $\alpha < y < \beta$ 时,有

$$F_Y(y) = P\{Y \leqslant y\} = P\{g(X) \leqslant y\} = P\{X \leqslant h(y)\} = F_X(h(y)),$$

$F_Y(y)$ 关于 y 求导即得证。

函数 $y=g(x)$ 严格单调减少时类似可证。

例 2.16 设随机变量 $X \sim N(\mu, \sigma^2)$,求 $Y=aX+b(a,b$ 为常数,$a \neq 0)$ 的概率密度函数。

解 随机变量 X 的密度为

$$f_X(x) = \frac{1}{\sqrt{2\pi}\sigma} e^{-\frac{(x-\mu)^2}{2\sigma^2}}, \quad -\infty < x < +\infty,$$

令 $y=g(x)=ax+b$,得反函数 $x=h(y)=\dfrac{y-b}{a}$,求导得

$$h'(y) = \frac{1}{a},$$

由定理 2.2 得

$$f_Y(y) = \frac{1}{|a|\sigma\sqrt{2\pi}}e^{-\frac{[y-(a\mu+b)]^2}{2(a\sigma)^2}}, -\infty < y < +\infty,$$

即

$$Y = aX + b \sim N(a\mu + b, (a\sigma)^2)。$$

本章小结

本章首先引入随机变量的概念,把随机试验的结果对应到实数,随机变量的取值有一定的概率,这是区别于普通函数的地方。引入随机变量,方便我们用数学方法研究随机试验。随后我们讨论了离散型和连续型两类随机变量,并介绍了几种离散的和连续的常用分布。随机变量的函数在理论和应用中都很重要,应掌握由已知分布的随机变量求出其函数随机变量的分布的方法。

学习目的如下:

1. 理解随机变量的概念。

2. 理解随机变量分布函数的概念及性质,理解离散型随机变量的分布律及其性质,理解连续型随机变量的概率密度及其性质,会应用概率分布计算有关事件的概率。

3. 掌握 0-1 分布、二项分布、泊松分布、正态分布、均匀分布和指数分布。

4. 会求简单随机变量函数的概率分布。

习题 2

1. 一袋中有 5 只乒乓球,编号为 1,2,3,4,5,在其中同时取 3 只,以 X 表示取出的 3 只球中的最大号码,写出随机变量 X 的分布律。

2. 设在 15 只同类型零件中有 2 只为次品,在其中取 3 次,每次任取 1 只,作不放回抽样,以 X 表示取出的次品个数,求:

(1) X 的分布律;

(2) X 的分布函数并作图;

(3) $P\{X \leqslant \frac{1}{2}\}, P\{1 < X \leqslant \frac{3}{2}\}, P\{1 \leqslant X \leqslant \frac{3}{2}\}, P\{1 < X < 2\}$。

3. 设随机变量 X 的分布律分别为

(1) $P\{X = k\} = \frac{a}{N}, k = 1, 2, \cdots, N$;

(2) $P\{X = k\} = \frac{ak}{N}, k = 1, 2, \cdots, N$;

(3) $P\{X = k\} = a\frac{\lambda^k}{k!}, k = 0, 1, 2, \cdots$。

试确定常数 a。

4. 射手向目标独立地进行了 3 次射击,每次击中率为 0.8,求 3 次射击中击中目标的次数的分布律及分布函数,并求 3 次射击中至少击中 2 次的概率。

5. 一大楼装有 5 个同类型的供水设备,调查表明,在任一时刻 t 每个设备被使用的概率为 0.1,问在同一时刻:

    (1) 恰有 2 个设备被使用的概率是多少?

    (2) 至少有 3 个设备被使用的概率是多少?

    (3) 至多有 3 个设备被使用的概率是多少?

    (4) 至少有 1 个设备被使用的概率是多少?

6. 某公安局在长度为 t 的时间间隔内收到的紧急呼救的次数 X 服从参数为 $0.5t$ 的泊松分布,而与时间间隔起点无关(时间以小时计)。

    (1) 求某一天中午 12 时至下午 3 时没收到呼救的概率;

    (2) 求某一天中午 12 时至下午 5 时至少收到 1 次呼救的概率。

7. 电话交换台每分钟的呼唤次数服从参数为 4 的泊松分布,求:

    (1) 每分钟恰有 5 次呼唤的概率;

    (2) 每分钟的呼唤次数大于 8 的概率。

8. 某教科书出版了 2000 册,因装订等原因造成错误的概率为 0.001,试求在这 2000 册书中恰有 5 册错误的概率。

9. 有一繁忙的汽车站,每天有大量汽车通过,设每辆车在一天的某时段出事故的概率为 0.0001,在某天的该时段内有 20000 辆汽车通过,问出事故的次数不小于 3 的概率是多少?

10. 有 2500 名同一年龄和同社会阶层的人参加了保险公司的人寿保险,在一年中每个人死亡的概率为 0.002,每个参加保险的人在 1 月 1 日须交 12 元保险费,而在死亡时其家属可从保险公司领取 2000 元赔偿金。求:

    (1) 保险公司亏本的概率;

    (2) 保险公司获利分别不少于 10000 元、20000 元的概率。

11. 进行某种试验,成功的概率为 p,失败的概率为 $q=1-p$,以 X 表示试验首次成功所需试验的次数,试写出 X 的分布律,并计算 X 取偶数的概率。

12. 设连续型随机变量 X 的分布函数为

$$F(x) = \begin{cases} A + Be^{-\frac{x^2}{2}}, & x > 0, \\ 0, & x \leqslant 0。 \end{cases}$$

    求常数 A 和 B。

13. 设连续型随机变量 X 的分布函数为

$$F(x) = \begin{cases} A + Be^{-\lambda x}, & x \geqslant 0, \\ 0, & x < 0 \end{cases} \quad (\lambda > 0),$$

    (1) 求常数 A, B;

(2) 求 $P\{X \leqslant 2\}, P\{X > 3\}$；

(3) 求分布密度 $f(x)$。

14. 设随机变量 X 的概率密度为

$$f(x) = \begin{cases} x, & 0 \leqslant x < 1, \\ 2-x, & 1 \leqslant x < 2, \\ 0, & \text{其他}。 \end{cases}$$

求 X 的分布函数 $F(x)$，并画出 $f(x)$ 及 $F(x)$ 的图形。

15. 已知随机变量 X 的密度函数为

$$f(x) = A e^{-|x|}, \quad -\infty < x < +\infty,$$

求：(1) A 值；(2) $P\{0 < X < 1\}$；(3) $F(x)$。

16. 已知

$$F(x) = \begin{cases} 0, & x < 0, \\ x + \dfrac{1}{2}, & 0 \leqslant x < \dfrac{1}{2}, \\ 1, & x \geqslant \dfrac{1}{2}。 \end{cases}$$

(1) $F(x)$ 是否是随机变量 X 的分布函数？

(2) $F(x)$ 是否是离散型或连续型随机变量 X 的分布函数？

17. 设随机变量 $X \sim U[0,5]$，求方程 $4x^2 + 4Xx + X + 2 = 0$ 有实根的概率。

18. 随机变量 X 在 $[2,5]$ 上服从均匀分布，现对 X 进行三次独立观测，求至少有两次的观测值大于 3 的概率。

19. 设某种仪器内装有三只同样的电子管，电子管使用寿命（小时）X 的密度函数为

$$f(x) = \begin{cases} \dfrac{100}{x^2}, & x \geqslant 100, \\ 0, & x < 100。 \end{cases}$$

求：(1) 在开始 150 小时内没有电子管损坏的概率；(2) 在这段时间内有一只电子管损坏的概率；(3) $F(x)$。

20. 以 X 表示某商店从早晨开始营业起直到第一位顾客到达的等待时间（以分钟计），X 的分布函数是

$$F(x) = \begin{cases} 1 - e^{-0.4x}, & x \geqslant 0, \\ 0, & x < 0。 \end{cases}$$

求下述概率：

(1) $P\{$至多 3 分钟$\}$；(2) $P\{$至少 4 分钟$\}$；(3) $P\{3$ 分钟至 4 分钟之间$\}$；(4) $P\{$至多 3 分钟或至少 4 分钟$\}$；(5) $P\{$恰好 2.5 分钟$\}$。

21. 设顾客在某银行的窗口等待服务的时间 X（以分钟计）服从指数分布 $E\left(\dfrac{1}{5}\right)$，某顾客在窗口等待服务，若超过 10 分钟他就离开，他一个月要到银行 5 次，以 Y 表示一个月内

他未等到服务而离开窗口的次数,试写出 Y 的分布律,并求 $P\{Y \geqslant 1\}$。

22. 设 $X \sim N(3,2^2)$。(1) 求 $P\{4 < X \leqslant 6\}$, $P\{2 < X < 5\}$, $P\{-4 < X < 10\}$, $P\{|X| > 2\}$, $P\{X > 3\}$;

    (2) 确定 c 使 $P\{X > c\} = P\{X \leqslant c\}$。

23. 由某机器生产的螺栓长度(cm)$X \sim N(10.05, 0.06^2)$,规定长度在 10.05 ± 0.12 内为合格品,求一螺栓为不合格品的概率。

24. 某人乘汽车去火车站乘火车,有两条路可走。第一条路程较短但交通拥挤,所需时间 X(分钟)服从 $N(40,10^2)$;第二条路程较长但堵塞少,所需时间(分钟)Y 服从 $N(50,4^2)$,求:

    (1) 若动身时离火车开车只有 1 小时,问应走哪条路能乘上火车的把握大些?

    (2) 又若离火车开车时间只有 45 分钟,问应走哪条路赶上火车的把握大些?

25. 一工厂生产的电子管寿命 X(小时)服从正态分布 $N(160,\sigma^2)$,若要求 $P\{120 < X < 200\} \geqslant 0.8$,允许 σ 最大不超过多少?

26. 设随机变量 $X \sim U(0,1)$,试求:

    (1) $Y = e^X$ 的分布函数及密度函数;

    (2) $Z = -2\ln X$ 的分布函数及密度函数。

27. 设 $X \sim N(0,1)$,试求:

    (1) $Y = e^X$ 的概率密度;

    (2) $Y = 2X^2 + 1$ 的概率密度;

    (3) $Y = |X|$ 的概率密度。

28. 设随机变量 X 的密度函数为

$$f(x) = \begin{cases} \dfrac{2x}{\pi^2}, & 0 < x < \pi, \\ 0, & \text{其他}。 \end{cases}$$

    试求 $Y = \sin X$ 的密度函数。

29. 设随机变量 X 服从参数为 2 的指数分布。证明:$Y = 1 - e^{-2X}$ 在区间 $(0,1)$ 上服从均匀分布。

第 3 章

多维随机变量及其分布

在许多实际问题中,随机试验的结果需要用多个随机变量来描述,而且这些随机变量之间有一定的联系,如测定钢中微量元素的含量,涉及含碳量、含硫量、含磷量等;测量一个人的身体指标,包括身高、体重、胸围、肺活量等。本章以二维随机变量为代表,讲述了多维随机变量的一些基本内容。

3.1　二维随机变量及其分布

3.1.1　二维随机变量的定义、分布函数

定义 3.1　设随机试验的样本空间为 $\Omega = \{e\}$,$X = X(e)$,$Y = Y(e)$ 是定义在 Ω 上的两个随机变量,称 $(X(e), Y(e))$ 为 Ω 上的**二维随机变量**或**二维随机向量**,简记为 (X, Y)。

二维随机变量 (X, Y) 是一个整体,是同一个样本空间上的两个随机变量,除了两个随机变量 X, Y 各自的特征,还有两者之间的联系的特征。

定义 3.2　设 (X, Y) 是二维随机变量,对于任意实数 x, y,称二元函数

$$F(x, y) = P\{X \leqslant x, Y \leqslant y\}$$

为 (X, Y) 的**分布函数**或**联合分布函数**。

将二维随机变量 (X, Y) 看成平面随机点的坐标,可以看出,分布函数在 (x, y) 处的函数值是随机变量落在以 (x, y) 为顶点的左下方无限矩形内的概率(如图 3-1)。

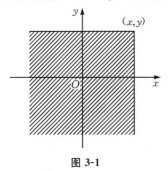

图 3-1

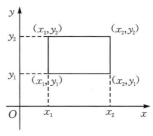

图 3-2

根据以上几何解释,并借助图 3-2 可知二维随机变量 (X, Y) 落在矩形区域 $\{x_1 < X \leqslant x_2, y_1 < Y \leqslant y_2\}$ 内的概率为

$$P\{x_1 < X \leqslant x_2, y_1 < Y \leqslant y_2\} = F(x_2, y_2) - F(x_2, y_1) - F(x_1, y_2) + F(x_1, y_1)\text{。}$$

类似于一维随机变量的分布函数的性质,二维随机变量的分布函数 $F(x, y)$ 有如下基本性质:

（1）$F(x,y)$ 关于 x 或 y 单调不减；

（2）$0 \leqslant F(x,y) \leqslant 1$，且

$$F(-\infty,y)=0, F(x,-\infty)=0, F(-\infty,-\infty)=0, F(+\infty,+\infty)=1;$$

（3）$F(x,y)$ 关于 x 或 y 右连续；

（4）$F(x_2,y_2)-F(x_2,y_1)-F(x_1,y_2)+F(x_1,y_1) \geqslant 0$。

3.1.2 二维离散型随机变量

定义 3.3   如果二维随机变量 (X,Y) 所有可能的取值是有限个或可数无穷多个，则称 (X,Y) 为二维离散型随机变量。

定义 3.4   设二维离散型随机变量 (X,Y) 的所有可能取值为 (x_i,y_j)，$i,j=1,2,\cdots$，称

$$P\{X=x_i, Y=y_j\}=p_{ij}, i,j=1,2,\cdots$$

为 (X,Y) 的**联合分布律**，也可用表格表示（如表 3-1）。

表 3-1

X\Y	x_1	x_2	$\cdots$	x_i	$\cdots$
y_1	p_{11}	p_{21}	$\cdots$	p_{i1}	$\cdots$
y_2	p_{12}	p_{22}	$\cdots$	p_{i2}	$\cdots$
$\vdots$	$\vdots$	$\vdots$		$\vdots$	
y_j	p_{1j}	p_{2j}	$\cdots$	p_{ij}	$\cdots$
$\vdots$	$\vdots$	$\vdots$		$\vdots$	

类比于一维离散型随机变量分布律的性质，(X,Y) 的联合分布律具有如下性质：

（1）$p_{ij} \geqslant 0$；

（2）$\sum\limits_{i=1}^{+\infty}\sum\limits_{j=1}^{+\infty} p_{ij}=1$。

类比可知，二维离散型随机变量 (X,Y) 的联合分布函数为

$$F(x,y)=P\{X \leqslant x, Y \leqslant y\}=\sum_{x_i \leqslant x}\sum_{y_j \leqslant y} p_{ij}。$$

例 3.1   设二维离散型随机变量 (X,Y) 的分布如下，求 $P\{X>1, Y \leqslant 2\}$，$P\{X=2\}$。

表 3-2

X\Y	1	2	3
1	0.1	0	0.2
2	0	0.1	0.1
3	0.3	0	0
4	0	0.1	0.1

解 　　　$$P\{X > 1, Y \leqslant 2\} = P\{X = 2, Y = 1\} + P\{X = 2, Y = 2\}$$
$$+ P\{X = 3, Y = 1\} + P\{X = 3, Y = 2\}$$
$$= 0.4;$$
$$P\{X = 2\} = P\{X = 2, Y = 1\} + P\{X = 2, Y = 2\}$$
$$+ P\{X = 2, Y = 3\} + P\{X = 2, Y = 4\}$$
$$= 0.2。$$

例 3.2　整数 X 等可能地在 $1,2,3,4$ 中取值，另一个整数 Y 等可能地在 $1 \sim X$ 中取值，求 (X,Y) 的联合分布。

解 　　　$$P\{X = i\} = \frac{1}{4}(i = 1,2,3,4),$$

当 $j > i$ 时，

$$P\{X = i, Y = j\} = 0,$$

当 $j \leqslant i$ 时，

$$P\{X = i, Y = j\} = P\{Y = j \mid X = i\}P\{X = i\}$$
$$= \frac{1}{i} \cdot \frac{1}{4}(i = 1,2,3,4; j \leqslant i)。$$

表 3-3

X \ Y	1	2	3	4
1	$\frac{1}{4}$	$\frac{1}{8}$	$\frac{1}{12}$	$\frac{1}{16}$
2	0	$\frac{1}{8}$	$\frac{1}{12}$	$\frac{1}{16}$
3	0	0	$\frac{1}{12}$	$\frac{1}{16}$
4	0	0	0	$\frac{1}{16}$

3.1.3　二维连续型随机变量

定义 3.5　设二维随机变量 (X,Y) 的分布函数为 $F(x,y)$，若存在一个非负可积函数 $f(x,y)$，对任意实数 x,y，有

$$F(x,y) = P\{X \leqslant x, Y \leqslant y\} = \int_{-\infty}^{x} \int_{-\infty}^{y} f(u,v)\mathrm{d}u\mathrm{d}v,$$

则称 (X,Y) 为**二维连续型随机变量**，非负可积函数 $f(x,y)$ 为 (X,Y) 的**联合分布密度**，简称**联合概率密度**。

$f(x,y)$ 具有如下性质：

(1) $f(x,y) \geqslant 0$；

(2) $\int_{-\infty}^{+\infty} \int_{-\infty}^{+\infty} f(x,y)\mathrm{d}x\mathrm{d}y = 1$。

在 $f(x,y)$ 的连续点,有

$$\frac{\partial^2 F(x,y)}{\partial x \partial y} = f(x,y)。$$

设 G 为 xOy 平面上一区域,则随机点 (X,Y) 落在区域 G 内的概率为

$$P\{(X,Y) \in G\} = \iint\limits_{G} f(x,y)\mathrm{d}x\mathrm{d}y。$$

例 3.3   设二维连续型随机变量 (X,Y) 的概率密度

$$f(x,y) = \begin{cases} cx, & 0 < x < 1, 0 < y < x, \\ 0, & 其他。 \end{cases}$$

求:(1) 常数 c;(2) $P\left\{X < \frac{1}{4}, Y \leqslant \frac{1}{2}\right\}$;(3) $P\left\{X > \frac{3}{4}\right\}$;(4) $P\{X = Y\}$。

解   (1) 由联合分布密度函数的性质知

$$1 = \int_{-\infty}^{+\infty} \int_{-\infty}^{+\infty} f(x,y)\mathrm{d}x\mathrm{d}y = \int_0^1 \left(\int_0^x cx\mathrm{d}y\right)\mathrm{d}x = \frac{c}{3},$$

解得 $c = 3$;

(2) $P\left\{X < \frac{1}{4}, Y \leqslant \frac{1}{2}\right\} = \int_0^{\frac{1}{4}} \left(\int_0^x 3x\mathrm{d}y\right)\mathrm{d}x = \frac{1}{64}$;

(3) $P\left\{X > \frac{3}{4}\right\} = \int_{\frac{3}{4}}^1 \left(\int_0^x 3x\mathrm{d}y\right)\mathrm{d}x = \frac{37}{64}$;

(4) $P\{X = Y\} = 0$。

例 3.4   设二维连续型随机变量 (X,Y) 的概率密度

$$f(x,y) = \begin{cases} ce^{-(2x+3y)}, & x > 0, y > 0, \\ 0, & 其他。 \end{cases}$$

求:(1) 常数 c;(2) $F(x,y)$。

解   (1) 由

$$1 = \int_{-\infty}^{+\infty} \int_{-\infty}^{+\infty} f(x,y)\mathrm{d}x\mathrm{d}y = c\left(\int_0^{+\infty} e^{-2x}\mathrm{d}x\right)\left(\int_0^{+\infty} e^{-3y}\mathrm{d}y\right) = \frac{c}{6},$$

解得 $c = 6$;

(2) $F(x,y) = \int_{-\infty}^x \int_{-\infty}^y f(u,v)\mathrm{d}u\mathrm{d}v$

$$= \begin{cases} \left(\int_0^x 2e^{-2u}\mathrm{d}u\right)\left(\int_0^y 3e^{-3v}\mathrm{d}v\right) = (1-e^{-2x})(1-e^{-3y}), & x > 0, y > 0, \\ 0, & 其他。 \end{cases}$$

与一维随机变量类似,常见的二维连续型随机变量有二维均匀分布和二维正态分布。

设 G 为平面上一有界区域,面积为 A,若二维连续型随机变量 (X,Y) 的概率密度为

$$f(x,y) = \begin{cases} \dfrac{1}{A}, & (x,y) \in G, \\ 0, & 其他, \end{cases}$$

则称 (X,Y) 在 G 上服从**均匀分布**。

若二维连续型随机变量 (X, Y) 的概率密度为

$$f(x, y) = \frac{1}{2\pi\sigma_1\sigma_2\sqrt{1-\rho^2}} \mathrm{e}^{-\frac{1}{2(1-\rho^2)}\left[\frac{(x-\mu_1)^2}{\sigma_1^2} - 2\rho\frac{(x-\mu_1)(y-\mu_2)}{\sigma_1\sigma_2} + \frac{(y-\mu_2)^2}{\sigma_2^2}\right]}, \quad -\infty < x, y < +\infty,$$

其中 $\mu_1, \mu_2, \sigma_1, \sigma_2, \rho$ 为常数，且 $\sigma_1, \sigma_2 > 0, -1 < \rho < 1$，则称 (X, Y) 服从参数为 $\mu_1, \mu_2, \sigma_1,$ σ_2, ρ 的**二维正态分布**，记为 $(X, Y) \sim N(\mu_1, \mu_2, \sigma_1^2, \sigma_2^2, \rho)$。

$f(x, y)$ 在三维空间中的图形，好像是一个椭圆切面的钟倒扣在 xOy 平面上，其对称中心在 (μ_1, μ_2) 处。若其中 $\mu_1 = \mu_2 = 0, \sigma_1 = \sigma_2 = 1, \rho = 0$，则 $f(x, y) = \frac{1}{2\pi}\mathrm{e}^{-\frac{1}{2}(x^2+y^2)}$，它是一张以 z 轴为对称轴的旋转曲面，就是一个倒扣的钟形图形。

3.2　边缘分布

二维随机变量 (X, Y) 是一个整体，包含有两个随机变量 X, Y 的全部特征。记 (X, Y) 的联合分布函数为 $F(x, y), X, Y$ 的分布函数分别为 $F_X(x), F_Y(y)$，称 $F_X(x), F_Y(y)$ 为二维随机变量 (X, Y) 关于 X, Y 的**边缘分布函数**。

$F_X(x), F_Y(y)$ 可以由 $F(x, y)$ 确定，有

$$F_X(x) = P\{X \leqslant x\} = P\{X \leqslant x, Y < +\infty\} = F(x, +\infty);$$

同理

$$F_Y(y) = F(+\infty, y)。$$

3.2.1　边缘分布律

定义 3.6　设二维离散型随机变量 (X, Y) 的分布律为

$$P\{X = x_i, Y = y_j\} = p_{ij}, i, j = 1, 2, \cdots,$$

随机变量 X 的所有可能取值为 $x_i (i = 1, 2, \cdots)$，且

$$P\{X = x_i\} = \sum_j P\{X = x_i, Y = y_j\} = \sum_j p_{ij} = p_{i\cdot}, i = 1, 2, \cdots,$$

称之为 (X, Y) 关于 X 的**边缘分布律**；同样地，(X, Y) 关于 Y 的边缘分布律为

$$P\{Y = y_j\} = \sum_i P\{X = x_i, Y = y_j\} = \sum_i p_{ij} = p_{\cdot j}, j = 1, 2, \cdots。$$

下面在同一个表中（如表 3-4）给出了 (X, Y) 的联合分布与边缘分布，中间部分是联合分布律，边缘部分是边缘分布律，由联合分布可以确定边缘分布，但由边缘分布不能确定联合分布，读者可以在下表中固定边缘分布改变联合分布。

表 3-4

X Y	0	1	$P\{Y = y_j\}$
0	0.1	0.3	0.4
1	0.3	0.3	0.6
$P\{X = x_i\}$	0.4	0.6	1

3.2.2　边缘密度函数

定义 3.7　设二维连续型随机变量(X,Y)的概率密度函数为 $f(x,y)$,则

$$F_X(x) = F(x, +\infty) = \int_{-\infty}^{x} \left[\int_{-\infty}^{+\infty} f(u, y) \mathrm{d}y \right] \mathrm{d}u,$$

变上限积分求导得到

$$f_X(x) = \int_{-\infty}^{+\infty} f(x, y) \mathrm{d}y,$$

同理

$$f_Y(y) = \int_{-\infty}^{+\infty} f(x, y) \mathrm{d}x。$$

称 $f_X(x), f_Y(y)$ 为二维随机变量(X,Y)关于 X,Y 的**边缘密度**。

例 3.5　设二维随机变量(X,Y)在单位圆域 $x^2 + y^2 \leqslant 1$ 上服从均匀分布,求关于 X, Y 的边缘分布密度。

解　(X,Y) 的联合概率密度为

$$f(x,y) = \begin{cases} \dfrac{1}{\pi}, & x^2 + y^2 \leqslant 1, \\ 0, & \text{其他}, \end{cases}$$

关于 X 的边缘密度

$$f_X(x) = \int_{-\infty}^{+\infty} f(x, y) \mathrm{d}y,$$

当 $x < -1$ 或 $x > 1$ 时,$f_X(x) = 0$;

当 $-1 \leqslant x \leqslant 1$ 时,

$$f_X(x) = \int_{-\infty}^{+\infty} f(x, y) \mathrm{d}y = \int_{-\sqrt{1-x^2}}^{\sqrt{1-x^2}} \frac{1}{\pi} \mathrm{d}y$$

$$= \frac{2}{\pi} \sqrt{1-x^2},$$

即

$$f_X(x) = \begin{cases} \dfrac{2}{\pi} \sqrt{1-x^2}, & -1 \leqslant x \leqslant 1, \\ 0, & \text{其他}, \end{cases}$$

同理

$$f_Y(y) = \begin{cases} \dfrac{2}{\pi} \sqrt{1-y^2}, & -1 \leqslant y \leqslant 1, \\ 0, & \text{其他}。 \end{cases}$$

可以证明,二维正态分布的两个边缘分布都是一维正态分布,若$(X,Y) \sim N(\mu_1, \mu_2, \sigma_1^2, \sigma_2^2, \rho)$,则边缘分布 $X \sim N(\mu_1, \sigma_1^2), Y \sim N(\mu_2, \sigma_2^2)$,且与 ρ 无关,不同的 ρ 对应不同的二维正态分布,它们的边缘分布却是一样的,这也说明了边缘分布不能确定联合分布。

3.3　随机变量的独立性

定义 3.8　设二维随机变量 (X,Y) 的联合分布函数为 $F(x,y)$，关于 X,Y 的边缘分布函数为 $F_X(x), F_Y(y)$，若对任意的 x,y，有
$$F(x,y) = F_X(x)F_Y(y),$$
则称 X,Y 相互独立。

上式的等价形式为
$$P\{X \leqslant x, Y \leqslant y\} = P\{X \leqslant x\}P\{Y \leqslant y\}。$$

对于二维离散型随机变量 (X,Y)，X,Y 相互独立的充分必要条件为
$$P\{X = x_i, Y = y_j\} = P\{X = x_i\}P\{Y = y_j\}$$
对 (X,Y) 的所有可能取值成立。

对于二维连续型随机变量 (X,Y)，X,Y 相互独立的充分必要条件为对任意的 x,y，有
$$f(x,y) = f_X(x)f_Y(y)。$$

若已知 (X,Y) 的联合分布，可以先计算边缘分布再来判断随机变量 X,Y 的独立性；若已知边缘分布，且已知随机变量 X,Y 是相互独立的，则可以计算出联合分布。

根据连续型随机变量密度的定义，设 $F(x)$ 是随机变量 X 的分布函数，若存在非负函数 $f(x)$，对任意实数 x，有 $F(x) = \int_{-\infty}^{x} f(t)\mathrm{d}t$，则称 X 为连续型随机变量，$f(x)$ 称为 X 的密度函数。若另有函数 $h(x)$ 也满足条件，则 $h(x)$ 也是密度函数。同一个连续型随机变量的密度函数可以在多大程度上不同？这个问题涉及我们不了解的数学知识。至少我们知道，一个连续型随机变量的密度函数改变有限个点的函数值后，仍然是这个随机变量的密度函数。事实上，若连续型随机变量 X 的密度函数为 $f(x)$，在除了"长度"为零的点集外，有 $h(x) = f(x)$，则 $h(x)$ 也是 X 的密度函数。同样的，二维联合密度函数在"面积"为零的平面点集上改变函数值后仍然看成同一个随机向量的密度函数。

前面提出，X,Y 相互独立的充分必要条件为对任意的 x,y，有 $f(x,y) = f_X(x)f_Y(y)$，其条件"对任意的 x,y，有 $f(x,y) = f_X(x)f_Y(y)$"，理解为"对任意的 x,y，$f_X(x)f_Y(y)$ 是 (X,Y) 的密度函数"。这个条件也可以表达为"$f(x,y) = f_X(x)f_Y(y)$ 在平面上几乎处处成立"，这里，"几乎处处成立"指在平面上除"面积"为零的点集外，处处成立。

例 3.6　随机变量 X,Y 相互独立，且同时服从 $b(1,0.6)$，求 (X,Y) 的联合分布。

解
$$P\{X = 0\} = 0.4, \quad P\{X = 1\} = 0.6,$$
$$P\{Y = 0\} = 0.4, \quad P\{Y = 1\} = 0.6,$$
由独立性知
$$P\{X = x_i, Y = y_j\} = P\{X = x_i\}P\{Y = y_j\},$$
得 (X,Y) 的分布律

$P\{X=0,Y=0\}=0.16, P\{X=0,Y=1\}=P\{X=1,Y=0\}=0.24,$
$$P\{X=1,Y=1\}=0.36。$$

其联合分布和边缘分布用表格表示如下。

表 3-5

X／Y	0	1	$P\{Y=y_j\}$
0	0.16	0.24	0.4
1	0.24	0.36	0.6
$P\{X=x_i\}$	0.4	0.6	

例 3.7　设二维随机变量(X,Y)在单位圆域$x^2+y^2\leqslant1$上服从均匀分布,问X,Y是否相互独立?

解　在例3.5中已经给出了

$$f(x,y)=\begin{cases}\dfrac{1}{\pi}, & x^2+y^2\leqslant1,\\0, & 其他。\end{cases}$$

$$f_X(x)=\begin{cases}\dfrac{2}{\pi}\sqrt{1-x^2}, & -1\leqslant x\leqslant1,\\0, & 其他,\end{cases}$$

$$f_Y(y)=\begin{cases}\dfrac{2}{\pi}\sqrt{1-y^2}, & -1\leqslant y\leqslant1,\\0, & 其他。\end{cases}$$

在圆域$x^2+y^2\leqslant1$上,$f(x,y)\neq f_X(x)f_Y(y)$,故X和Y不相互独立。

3.4　多维随机变量函数的分布

3.4.1　二维离散型随机变量函数的分布

设(X,Y)是二维离散型随机变量,则$Z=\varphi(X,Y)$是离散型随机变量,当(X,Y)的分布律和函数$\varphi(x,y)$已知时,可以得到$Z=\varphi(X,Y)$的分布律。

例 3.8　设二维离散型随机变量(X,Y)的分布律如下表,求:(1)$Z=X+Y$;(2)$Z=XY$的分布律。

表 3-6

X／Y	0	1	2
0	0.1	0.1	0.2
1	0.2	0.3	0.1

解　(1)记$\varphi(x,y)=x+y$,则

$\varphi(0,0)=0$，$\varphi(0,1)=\varphi(1,0)=1$，$\varphi(1,1)=\varphi(2,0)=2$，$\varphi(2,1)=3$，
得 $Z=X+Y$ 的分布律

$$P\{Z=0\}=P\{X=0,Y=0\}=0.1;$$
$$P\{Z=1\}=P\{X=0,Y=1\}+P\{X=1,Y=0\}=0.3;$$
$$P\{Z=2\}=P\{X=1,Y=1\}+P\{X=2,Y=0\}=0.5;$$
$$P\{Z=3\}=P\{X=2,Y=1\}=0.1。$$

列表如下：

表 3-7

$Z=X+Y$	0	1	2	3
p	0.1	0.3	0.5	0.1

（2）同样可得 $Z=XY$ 的分布律

表 3-8

$Z=XY$	0	1	2
p	0.6	0.3	0.1

例 3.9　随机变量 X,Y 相互独立，且都服从泊松分布，$X\sim P(\lambda_1)$，$Y\sim P(\lambda_2)$，证明：$Z=X+Y\sim P(\lambda_1+\lambda_2)$。

证
$$P\{Z=k\}=P\{X+Y=k\}$$
$$=\sum_{i=0}^{k}P\{X=i\}P\{Y=k-i\}$$
$$=\sum_{i=0}^{k}\frac{\lambda_1^i}{i!}e^{-\lambda_1}\cdot\frac{\lambda_2^{k-i}}{(k-i)!}e^{-\lambda_2}$$
$$=\frac{e^{-(\lambda_1+\lambda_2)}}{k!}\sum_{i=0}^{k}\frac{k!}{i!(k-i)!}\lambda_1^i\lambda_2^{k-i}$$
$$=\frac{(\lambda_1+\lambda_2)^k}{k!}e^{-(\lambda_1+\lambda_2)},k=0,1,2,\cdots,$$

即
$$Z=X+Y\sim P(\lambda_1+\lambda_2)。$$

上例说明，两个相互独立的泊松分布随机变量的和仍然是泊松分布随机变量，且参数也是相应参数的和，这种性质称为泊松分布的**可加性**。容易证明，二项分布也具有可加性，即若随机变量 X,Y 相互独立，$X\sim b(n_1,p)$，$Y\sim b(n_2,p)$，则 $Z=X+Y\sim b(n_1+n_2,p)$。

3.4.2　二维连续型随机变量函数的分布

本小节主要讨论两种函数关系，$Z=X+Y$，$Z=\max\{X,Y\}$ 和 $Z=\min\{X,Y\}$。

（1）$Z=X+Y$ 的分布

设 (X,Y) 是二维连续型随机变量，概率密度为 $f(x,y)$，则 $Z=X+Y$ 的分布函数为

$$F_Z(z)=P\{Z\leqslant z\}=\iint\limits_{x+y\leqslant z}f(x,y)\mathrm{d}x\mathrm{d}y$$

$$= \int_{-\infty}^{+\infty} \left[\int_{-\infty}^{z-y} f(x,y) \mathrm{d}y \right] \mathrm{d}x,$$

对于积分 $\int_{-\infty}^{z-y} f(x,y)\mathrm{d}y$，做变量代换，令 $u = y + x$，则

$$\int_{-\infty}^{z-y} f(x,y)\mathrm{d}y = \int_{-\infty}^{z} f(x,u-x)\mathrm{d}u,$$

于是

$$F_Z(z) = \int_{-\infty}^{+\infty} \left[\int_{-\infty}^{z} f(x,u-x)\mathrm{d}u \right] \mathrm{d}x$$

$$= \int_{-\infty}^{z} \left[\int_{-\infty}^{+\infty} f(x,u-x)\mathrm{d}x \right] \mathrm{d}u,$$

由概率密度定义，得 $Z = X + Y$ 的概率密度

$$f_Z(z) = \int_{-\infty}^{+\infty} f(x,z-x)\mathrm{d}x。$$

由对称性，也可以得到

$$f_Z(z) = \int_{-\infty}^{+\infty} f(z-y,y)\mathrm{d}y。$$

特别地，当随机变量 X,Y 相互独立时，设 X,Y 的密度为 $f_X(x), f_Y(y)$，则

$$f_Z(z) = \int_{-\infty}^{+\infty} f_X(x)f_Y(z-x)\mathrm{d}x;$$

$$f_Z(z) = \int_{-\infty}^{+\infty} f_X(z-y)f_Y(y)\mathrm{d}y。$$

这两个公式称为**卷积公式**。

例 3.10　设随机变量 X,Y 相互独立，且都在 $[0,1]$ 上服从均匀分布，求 $Z = X + Y$ 的概率密度。

解　随机变量 X,Y 的概率密度为

$$f_X(x) = \begin{cases} 1, & 0 \leqslant x \leqslant 1, \\ 0, & \text{其他}; \end{cases} \qquad f_Y(y) = \begin{cases} 1, & 0 \leqslant y \leqslant 1, \\ 0, & \text{其他}, \end{cases}$$

由卷积公式得

$$f_Z(z) = \int_{-\infty}^{+\infty} f_X(x)f_Y(z-x)\mathrm{d}x,$$

而

$$f_X(x)f_Y(z-x) = \begin{cases} 1, & 0 \leqslant x \leqslant 1, 0 \leqslant z-x \leqslant 1, \\ 0, & \text{其他}, \end{cases}$$

只有当 $0 \leqslant x \leqslant 1, 0 \leqslant z-x \leqslant 1$ 都成立时，$f_X(x)f_Y(z-x) = 1$，否则 $f_X(x)f_Y(z-x) = 0$。

当 $z < 0$ 或 $z > 2$ 时，$f_Z(z) = 0$；

当 $0 \leqslant z < 1$ 时，$f_Z(z) = \int_0^z \mathrm{d}x = z$；

当 $1 \leqslant z \leqslant 2$ 时，$f_Z(z) = \int_{z-1}^1 \mathrm{d}x = 2 - z$。

即

$$f_Z(z) = \begin{cases} 0, & z < 0 \text{ 或 } z > 2, \\ z, & 0 \leqslant z < 1, \\ 2-z, & 1 \leqslant z \leqslant 2。 \end{cases}$$

例 3.11 设随机变量 X,Y 相互独立,且都服从 $N(0,1)$ 分布,求 $Z = X + Y$ 的概率密度。

解 随机变量 X,Y 的概率密度为

$$f_X(x) = \frac{1}{\sqrt{2\pi}} \mathrm{e}^{-\frac{x^2}{2}}, \ f_Y(y) = \frac{1}{\sqrt{2\pi}} \mathrm{e}^{-\frac{y^2}{2}},$$

由卷积公式得

$$f_Z(z) = \int_{-\infty}^{+\infty} f_X(x) f_Y(z-x) \mathrm{d}x = \frac{1}{2\pi} \int_{-\infty}^{+\infty} \mathrm{e}^{-\frac{x^2}{2}} \mathrm{e}^{-\frac{(z-x)^2}{2}} \mathrm{d}x$$

$$= \frac{1}{2\pi} \mathrm{e}^{-\frac{z^2}{4}} \int_{-\infty}^{+\infty} \mathrm{e}^{-(x-\frac{z}{2})^2} \mathrm{d}x = \frac{1}{2\sqrt{\pi}} \mathrm{e}^{-\frac{z^2}{4}}。$$

即 $Z \sim N(0,2)$。

一般地,若随机变量 X,Y 相互独立,且 $X \sim N(\mu_1, \sigma_1^2), Y \sim N(\mu_2, \sigma_2^2)$,则

$$Z = X + Y \sim N(\mu_1 + \mu_2, \sigma_1^2 + \sigma_2^2)。$$

这个结论可以推广到 n 个独立正态分布随机变量之和的情况,即若 $X_i \sim N(\mu_i, \sigma_i^2), i = 1, 2, \cdots, n$,且这些随机变量相互独立,则

$$Z = X_1 + X_2 + \cdots + X_n \sim N\left(\sum_{i=1}^{n} \mu_i, \sum_{i=1}^{n} \sigma_i^2\right)。$$

(2) $Z = \max\{X,Y\}$ 和 $Z = \min\{X,Y\}$ 的分布

设随机变量 X,Y 相互独立,分布函数为 $F_X(x), F_Y(y)$,$Z = \max\{X,Y\}$ 的分布函数为 $F_{\max}(z)$,由于 $\{Z \leqslant z\} = \{X \leqslant z, Y \leqslant z\}$,故

$$F_{\max}(z) = P\{Z \leqslant z\} = P\{X \leqslant z, Y \leqslant z\} = P\{X \leqslant z\} P\{Y \leqslant z\}$$

$$= F_X(z) F_Y(z)。$$

设 $Z = \min\{X,Y\}$ 的分布函数为 $F_{\min}(z)$,由于 $\{Z > z\} = \{X > z, Y > z\}$,故

$$F_{\min}(z) = P\{Z \leqslant z\} = 1 - P\{Z > z\} = 1 - P\{X > z, Y > z\}$$

$$= 1 - P\{X > z\} P\{Y > z\}$$

$$= 1 - [1 - F_X(z)][1 - F_Y(z)]。$$

即

$$F_{\max}(z) = F_X(z) F_Y(z);$$

$$F_{\min}(z) = 1 - [1 - F_X(z)][1 - F_Y(z)]。$$

例 3.12 设系统 L 由两个相互独立的子系统 L_1, L_2 连接而成,连接方式分别为:(1)串联;(2)并联;(3)备用(L_2 在储备期不失效,L_1 损坏时,L_2 立即开始工作),设 L_1, L_2 的寿命分别为 X,Y,其概率密度分别为

$$f_X(x) = \begin{cases} \alpha e^{-\alpha x}, & x > 0, \\ 0, & x \leqslant 0; \end{cases} \quad f_Y(y) = \begin{cases} \beta e^{-\beta y}, & y > 0, \\ 0, & y \leqslant 0。 \end{cases}$$

其中 $\alpha,\beta > 0$ 且 $\alpha \neq \beta$,分别对以上三种连接方式给出系统 L 的寿命 Z 的概率密度函数。

解 X,Y 的分布函数分别为

$$F_X(x) = \begin{cases} 1 - e^{-\alpha x}, & x > 0, \\ 0, & x \leqslant 0; \end{cases} \quad F_Y(y) = \begin{cases} 1 - e^{-\beta y}, & y > 0, \\ 0, & y \leqslant 0。 \end{cases}$$

(1) 串联时,$Z = \min\{X,Y\}$

$$F_{\min}(z) = 1 - [1 - F_X(z)][1 - F_Y(z)]$$
$$= \begin{cases} 1 - e^{-(\alpha+\beta)z}, & z > 0, \\ 0, & z \leqslant 0。 \end{cases}$$

概率密度函数为

$$f_{\min}(z) = \begin{cases} (\alpha+\beta) e^{-(\alpha+\beta)z}, & z > 0, \\ 0, & z \leqslant 0。 \end{cases}$$

(2) 并联时,$Z = \max\{X,Y\}$

$$F_{\max}(z) = F_X(z) F_Y(z)$$
$$= \begin{cases} (1 - e^{-\alpha z})(1 - e^{-\beta z}) & z > 0, \\ 0, & z \leqslant 0。 \end{cases}$$

概率密度函数为

$$f_{\max}(z) = \begin{cases} \alpha e^{-\alpha z} + \beta e^{-\beta z} - (\alpha+\beta) e^{-(\alpha+\beta)z}, & z > 0, \\ 0, & z \leqslant 0。 \end{cases}$$

(3) 备用时,$Z = X + Y$

$$f_Z(z) = \int_{-\infty}^{+\infty} f_X(x) f_Y(z-x) \mathrm{d}x。$$

当 $z \leqslant 0$ 时,$f_Z(z) = 0$;

当 $z > 0$ 时,

$$f_Z(z) = \int_0^z \alpha e^{-\alpha x} \beta e^{-\beta(z-x)} \mathrm{d}x = \frac{\alpha\beta}{\alpha-\beta}(e^{-\beta z} - e^{-\alpha z})。$$

即

$$f_Z(z) = \begin{cases} \dfrac{\alpha\beta}{\alpha-\beta}(e^{-\beta z} - e^{-\alpha z}), & z > 0, \\ 0, & z \leqslant 0。 \end{cases}$$

关于 $Z = \max\{X,Y\}$ 和 $Z = \min\{X,Y\}$ 的分布的结论可以推广到 n 个随机变量的情况。设 X_i 的分布函数为 $F_{X_i}(x), i = 1,2,\cdots,n$,且这些随机变量相互独立,则 $\max\{X_1, X_2, \cdots, X_n\}$、$\min\{X_1, X_2, \cdots, X_n\}$ 的分布函数分别为

$$F_{\max}(z) = F_{X_1}(z) F_{X_2}(z) \cdots F_{X_n}(z);$$
$$F_{\min}(z) = 1 - [1 - F_{X_1}(z)][1 - F_{X_2}(z)] \cdots [1 - F_{X_n}(z)],$$

特别地,当 $X_1, X_2, \cdots, X_n$ 相互独立,且具有相同的分布函数 $F(x)$ 时,有

$$F_{\max}(z) = \left[F(z)\right]^n;$$
$$F_{\min}(z) = 1 - \left[1 - F(z)\right]^n。$$

本章小结

二维随机变量 (X,Y) 是一个整体,包含有两个随机变量 X,Y 的全部特征,还有 X,Y 之间的联系的特征。类似一维情形,我们讨论了离散型和连续型两类二维随机变量,许多方法结论与一维类似。二维随机变量的函数的分布,我们主要讨论了两种情形,一般情形可以参考这两种情形加以解决。随机变量的独立性是随机事件独立性的扩充,在实际问题中,常常根据其意义来判断独立性。

学习目的如下:

1. 了解二维随机变量的概念。

2. 了解二维随机变量的联合分布函数及其性质,理解二维离散型随机变量的联合分布律及其性质,了解二维连续型随机变量的联合概率密度及其性质,并会用它计算有关事件的概率。

3. 了解二维随机变量的边缘分布。

4. 理解随机变量独立性的概念,掌握应用随机变量的独立性进行概率计算。

5. 会求两个独立随机变量的简单函数的分布。

习题 3

1. 盒子里装有 3 只黑球、2 只红球、2 只白球,在其中任取 4 只球,以 X 表示取到黑球的只数,以 Y 表示取到红球的只数,求 (X,Y) 的联合分布律。

2. 设二维随机变量 (X,Y) 共有 4 个取正概率的点,它们是:$(0,1),(1,0),(2,0),(2,1)$,并且 (X,Y) 取得它们的概率相同,求 (X,Y) 的联合分布及边缘分布。

3. 二维随机变量 (X,Y) 的分布律如下:

表 3-9

X / Y	1	2	3
1	0.1	0.05	0.2
2	0	0.1	0.1
3	0.3	0.15	0

求 $P\{X > 1, Y \leqslant 2\}$,$P\{X = 1\}$,$P\{X = Y\}$,以及分布函数值 $F(2,1.5)$。

4. 设随机变量 (X,Y) 的分布密度为

$$f(x,y) = \begin{cases} Ae^{-(3x+4y)}, & x > 0, y > 0, \\ 0, & \text{其他}。 \end{cases}$$

求:(1) 常数 A;

(2) 随机变量 (X,Y) 的分布函数;

(3) $P\{0 < X \leqslant 1, Y \leqslant 2\}$。

5. 设随机变量 (X,Y) 的概率密度为

$$f(x,y) = \begin{cases} k(6-x-y), & 0 < x < 2, 2 < y < 4, \\ 0, & \text{其他}。 \end{cases}$$

(1) 确定常数 k;

(2) 求 $P\{X < 1, Y < 3\}$;

(3) 求 $P\{X < 1.5\}$;

(4) 求 $P\{X+Y < 4\}$。

6. 设二维随机变量 (X,Y) 的联合分布函数为

$$F(x,y) = \begin{cases} (1-e^{-4x})(1-e^{-2y}), & x > 0, y > 0, \\ 0, & \text{其他}。 \end{cases}$$

求 (X,Y) 的联合分布密度及边缘分布函数。

7. 设二维连续型随机变量 (X,Y) 在区域 D 上服从均匀分布,其中

$$D = \{(x,y) \mid |x+y| < 1, |x-y| < 1\},$$

求关于 X 的边缘密度。

8. 设二维随机变量 (X,Y) 的概率密度为

$$f(x,y) = \begin{cases} \dfrac{3}{2}xy^2, & 0 \leqslant x \leqslant 2, 0 \leqslant y \leqslant 1, \\ 0, & \text{其他}。 \end{cases}$$

求边缘概率密度。

9. 设二维随机变量 (X,Y) 的概率密度为

$$f(x,y) = \begin{cases} cx^2 y, & x^2 \leqslant y \leqslant 1, \\ 0, & \text{其他}。 \end{cases}$$

(1) 试确定常数 c;

(2) 求边缘概率密度。

10. 二维随机变量 (X,Y) 的分布如下:

表 3-10

Y \ X	1	2	3
1	$\dfrac{1}{6}$	$\dfrac{1}{9}$	$\dfrac{1}{18}$
2	$\dfrac{1}{3}$	a	b

问 a,b 取何值时 X,Y 相互独立?

11. 本章习题的第 3、6、8、9 题中的 X,Y 是否相互独立?

12. 二维随机变量 (X,Y) 的分布律如下:

表 3-11

Y＼X	1	2	3	4
1	0.1	0.05	0.15	0
2	0	0.1	0.1	0.1
3	0.05	0.15	0	0.2

(1) 求 $U = X+Y$ 的分布;

(2) 求 $V = X-Y$ 的分布;

(3) 求 $W = \max\{X,Y\}$ 的分布;

(4) 求 $Z = \min\{X,Y\}$ 的分布。

13. 设随机变量 X,Y 相互独立,且都服从参数为 1 的指数分布,求 $Z = \max\{X,Y\}$ 和 $Z = \min\{X,Y\}$ 的密度函数。

14. 设某种商品一周的需要量是一个随机变量,服从参数为 λ 的指数分布,并设各周的需要量是相互独立的,试求:(1) 两周的需要量的概率密度;(2) 三周的需要量的概率密度。

15. 设随机变量 X,Y 相互独立,X 服从 $[0,1]$ 上的均匀分布,Y 服从参数为 1 的指数分布,求 $Z = X+Y$ 的密度函数。

第4章

随机变量的数字特征

随机变量的分布函数完全地描述了随机变量的统计特征,但分布函数较为复杂,且很多时候也不必要全面掌握随机变量的所有特征,只需要掌握随机变量的部分特征就足够了。例如,评定某地区粮食产量的水平时,一般只需考虑平均亩产量;考察棉花质量时,只需要掌握棉花纤维的平均长度以及与平均长度的差异程度,等等。

随机变量的数字特征是指描述随机变量某方面特征的一些数字,虽然不能完全地描述随机变量,但能够简明突出地描述随机变量在某些方面的重要特征。本章将介绍随机变量的常用数字特征,如数学期望、方差、相关系数等。

4.1 数学期望

4.1.1 数学期望的定义

甲、乙两人进行一种抛骰子赢积分的游戏,若不出现 6 点,甲增 1 分乙减 1 分,若出现 6 点,甲减 a 分乙增 a 分,问 a 为多少时这个游戏是公平的?

随机现象的统计规律性要从大量重复试验中观察出来,假设游戏重复进行了充分多的 n 局,则甲赢的局数大约 $\frac{5}{6}n$,输的局数大约 $\frac{1}{6}n$,平均每局赢的积分大约为

$$\frac{\frac{5}{6}n \times 1 - \frac{1}{6}n \times a}{n} = \frac{5-a}{6},$$

可以看出,这个平均数为零时,游戏对双方是公平的。

取 $a = 5$,记 X 是每局甲赢的积分数,则 X 的分布律为

表 4-1

X	-5	1
p_i	$\frac{1}{6}$	$\frac{5}{6}$

平均每局赢的积分大约为

$$(-5) \times \frac{1}{6} + 1 \times \frac{5}{6} = 0。$$

这个数字是随机变量的特征,可以从大量重复试验中观察出来。

定义 4.1　设离散型随机变量 X 的分布律为

$$P\{X = x_i\} = p_i, i = 1, 2, \cdots,$$

若级数 $\sum\limits_{i=1}^{\infty} x_i p_i$ 绝对收敛，则称级数 $\sum\limits_{i=1}^{\infty} x_i p_i$ 为随机变量 X 的**数学期望**，记为 $E(X)$，即

$$E(X) = \sum\limits_{i=1}^{\infty} x_i p_i。$$

设连续型随机变量 X 的概率密度为 $f(x)$，若积分 $\int_{-\infty}^{+\infty} xf(x)\mathrm{d}x$ 绝对收敛，则称积分 $\int_{-\infty}^{+\infty} xf(x)\mathrm{d}x$ 为随机变量 X 的**数学期望**，记为 $E(X)$，即

$$E(X) = \int_{-\infty}^{+\infty} xf(x)\mathrm{d}x。$$

数学期望简称为**期望**或**均值**。

例 4.1　抛一枚骰子一次，X 表示出现的点数，则 X 的分布律及其期望分别为

$$P\{X = i\} = \frac{1}{6}, i = 1, 2, \cdots, 6,$$

$$E(X) = \sum\limits_{i=1}^{\infty} x_i p_i = \sum\limits_{i=1}^{6} i \times \frac{1}{6} = 3.5。$$

若抛骰子 3 次，点数分别为 $1, 2, 6$，则平均点数为 3，这个平均点数随试验不同而变化，但当试验次数充分大时，这个平均点数呈现出规律性，稳定在 $E(X) = 3.5$ 的附近。

从定义 4.1 中看出，并不是所有的随机变量都存在数学期望，它必须满足级数或者积分绝对收敛的条件。

例 4.2　设随机变量 X 服从柯西分布，密度函数为

$$f(x) = \frac{1}{\pi(1+x^2)}, -\infty < x < +\infty,$$

求 $E(X)$。

解　$\int_{-\infty}^{+\infty} |x| f(x)\mathrm{d}x = \int_{-\infty}^{+\infty} |x| \frac{1}{\pi(1+x^2)}\mathrm{d}x$ 发散，故 $E(X)$ 不存在。

4.1.2　常用分布的数学期望

下面我们以例题的形式给出几种离散型和连续型随机变量常用分布的数学期望。

例 4.3　设随机变量 X 服从 0-1 分布，则 $E(X) = p$。

例 4.4　设随机变量 $X \sim b(n, p)$，求 $E(X)$。

解
$$E(X) = \sum\limits_{k=0}^{n} kp_k = \sum\limits_{k=0}^{n} kC_n^k p^k q^{n-k}$$
$$= np \sum\limits_{k=1}^{n} C_{n-1}^{k-1} p^{k-1} q^{n-k}$$
$$= np\,(p+q)^{n-1}$$
$$= np。$$

例 4.5   设随机变量 $X \sim P(\lambda)$，求 $E(X)$。

解
$$E(X) = \sum_{k=0}^{\infty} k p_k = \sum_{k=1}^{\infty} k \frac{\lambda^k \mathrm{e}^{-\lambda}}{k!}$$
$$= \lambda \mathrm{e}^{-\lambda} \sum_{k=1}^{\infty} \frac{\lambda^{k-1}}{(k-1)!}$$
$$= \lambda \mathrm{e}^{-\lambda} \mathrm{e}^{\lambda}$$
$$= \lambda。$$

例 4.6   设随机变量 $X \sim U[a, b]$，求 $E(X)$。

解
$$E(X) = \int_{-\infty}^{+\infty} x f(x) \mathrm{d}x = \int_a^b x \frac{1}{b-a} \mathrm{d}x$$
$$= \frac{a+b}{2}。$$

例 4.7   设随机变量 $X \sim E(\lambda)$，求 $E(X)$。

解
$$E(X) = \int_{-\infty}^{+\infty} x f(x) \mathrm{d}x = \int_0^{+\infty} x \lambda \mathrm{e}^{-\lambda x} \mathrm{d}x$$
$$= -\int_0^{+\infty} x \mathrm{d}\mathrm{e}^{-\lambda x}$$
$$= \int_0^{+\infty} \mathrm{e}^{-\lambda x} \mathrm{d}x$$
$$= \frac{1}{\lambda}。$$

例 4.8   设随机变量 $X \sim N(\mu, \sigma^2)$，求 $E(X)$。

解
$$E(X) = \int_{-\infty}^{+\infty} x f(x) \mathrm{d}x = \int_{-\infty}^{+\infty} x \frac{1}{\sqrt{2\pi}\sigma} \mathrm{e}^{-\frac{(x-\mu)^2}{2\sigma^2}} \mathrm{d}x,$$

令 $\dfrac{x-\mu}{\sigma} = t$，则

$$E(X) = \int_{-\infty}^{+\infty} (\mu + \sigma t) \frac{1}{\sqrt{2\pi}} \mathrm{e}^{-\frac{t^2}{2}} \mathrm{d}t,$$

由密度的性质知

$$\int_{-\infty}^{+\infty} \frac{1}{\sqrt{2\pi}} \mathrm{e}^{-\frac{t^2}{2}} \mathrm{d}t = 1,$$

由积分收敛性及奇函数积分性质知

$$\int_{-\infty}^{+\infty} t \frac{1}{\sqrt{2\pi}} \mathrm{e}^{-\frac{t^2}{2}} \mathrm{d}t = 0,$$

从而得 $E(X) = \mu$。

4.1.3   随机变量函数的数学期望

在理论研究和实际应用中，常涉及求随机变量函数的期望的问题。设随机变量 X 的分布已知，$Y = g(X)$ 是随机变量 X 的函数，求 $E(Y) = E[g(X)]$，我们可以先由 X 的分布和 $Y = g(X)$ 求出 Y 的分布，然后由 Y 的分布求出 $E(Y)$。

下面的定理给出了另一个计算公式,不用求出 Y 的分布,直接由 X 的分布和 $Y = g(X)$ 来求出 $E(Y) = E[g(X)]$。

定理 4.1　设 $y = g(x)$ 是连续函数,$Y = g(X)$ 是随机变量 X 的函数,则有

(1) 若 X 是离散型随机变量,分布律为

$$P\{X = x_i\} = p_i, i = 1, 2, \cdots,$$

若 $\sum_{i=1}^{\infty} g(x_i) p_i$ 绝对收敛,则

$$E(Y) = E[g(X)] = \sum_{i=1}^{\infty} g(x_i) p_i \text{。}$$

(2) 若 X 是连续型随机变量,概率密度为 $f(x)$,若 $\int_{-\infty}^{+\infty} g(x) f(x) \mathrm{d}x$ 绝对收敛,则

$$E(Y) = E[g(X)] = \int_{-\infty}^{+\infty} g(x) f(x) \mathrm{d}x \text{。}$$

例 4.9　设随机变量 X 的分布为

表 4-2

X	0	1	2	3
p_i	0.1	0.2	0.3	0.4

$Y = (X-1)^2$,求 $E(Y) = E[(X-1)^2]$。

解法 1　先由 X 的分布和 $Y = g(X)$ 求出 Y 的分布,然后由 Y 的分布求出 $E(Y)$。容易计算,Y 的分布为

表 4-3

Y	0	1	4
p_i	0.2	0.4	0.4

$$E(Y) = 0 \times 0.2 + 1 \times 0.4 + 4 \times 0.4 = 2 \text{。}$$

解法 2　由上面定理求出 $E(Y) = E[g(X)]$,有

$$\begin{aligned}
E(Y) = E[(X-1)^2] &= \sum_{i=0}^{3} (i-1)^2 p_i \\
&= (0-1)^2 \times 0.1 + (1-1)^2 \times 0.2 + (2-1)^2 \times 0.3 \\
&\quad + (3-1)^2 \times 0.4 \\
&= 2 \text{。}
\end{aligned}$$

例 4.10　设球的直径 X 服从 $[a, b]$ 上的均匀分布,求球的体积 Y 的数学期望。

解　X 的密度函数为

$$f(x) = \begin{cases} \dfrac{1}{b-a}, & a \leqslant x \leqslant b, \\ 0, & \text{其他。} \end{cases}$$

由于

$$Y = g(X) = \frac{1}{6}\pi X^3,$$

根据定理 4.1 得

$$E(Y) = E[g(X)] = E\left(\frac{1}{6}\pi X^3\right)$$

$$= \int_a^b \frac{1}{6}\pi x^3 \frac{1}{b-a}\mathrm{d}x$$

$$= \frac{\pi}{24}(a+b)(a^2+b^2)。$$

例 4.11 设某种商品需求量（吨）$X \sim U[2000,4000]$，经销商进货数量在区间 $[2000,4000]$ 内，若售出 1 吨该商品，可盈利 3 万元，若积压 1 吨该商品，则亏损 1 万元，问应进货多少吨该商品，可使盈利期望最大？

解 设进货量（吨）为 y，盈利（万元）为 Y，则

$$Y = g(X) = \begin{cases} 3y, & X \geqslant y, \\ 3X - (y-X), & X < y, \end{cases}$$

$$E(Y) = E[g(X)] = \int_{-\infty}^{+\infty} g(x)f(x)\mathrm{d}x$$

$$= \int_{2000}^{4000} g(x)\frac{1}{2000}\mathrm{d}x$$

$$= \frac{1}{2000}\int_{2000}^{y}[3x-(y-x)]\mathrm{d}x + \frac{1}{2000}\int_{y}^{4000}3y\mathrm{d}x$$

$$= \frac{1}{1000}(-y^2 + 7000y - 4 \times 10^6)。$$

当 $y = 3500$ 时，$E(Y)$ 取最大值 8250，即应进货 3500 吨该商品，可使盈利期望达到最大值 8250 万元。

定理 4.1 可以推广到多个随机变量的情形，下面就两个随机变量的情形给出相应的公式。

设 $z = g(x,y)$ 是连续函数，$Z = g(X,Y)$ 是二维随机变量 (X,Y) 的函数，则有

（1）若 (X,Y) 是二维离散型随机变量，分布律为

$$P\{X = x_i, Y = y_j\} = p_{ij}, i,j = 1,2,\cdots,$$

若 $\sum_i \sum_j g(x_i,y_j)p_{ij}$ 绝对收敛，则

$$E(Z) = E[g(X,Y)] = \sum_i \sum_j g(x_i,y_j)p_{ij}。$$

（2）若 (X,Y) 是二维连续型随机变量，概率密度为 $f(x,y)$，若

$$\int_{-\infty}^{+\infty}\int_{-\infty}^{+\infty} g(x,y)f(x,y)\mathrm{d}x\mathrm{d}y$$

绝对收敛，则

$$E(Z) = E[g(X,Y)] = \int_{-\infty}^{+\infty}\int_{-\infty}^{+\infty} g(x,y)f(x,y)\mathrm{d}x\mathrm{d}y。$$

例 4.12　设二维随机变量 (X,Y) 在区域 A 上服从均匀分布,其中 A 为 x 轴,y 轴以及直线 $x+\dfrac{y}{2}=1$ 所围成的三角形区域,求 $E(X),E(Y),E(XY)$。

解　区域 A 的面积为 1,故二维随机变量 (X,Y) 的概率密度

$$f(x,y)=\begin{cases}1, & (x,y)\in A,\\ 0, & \text{其他},\end{cases}$$

从而

$$E(X)=\int_{-\infty}^{+\infty}\int_{-\infty}^{+\infty}xf(x,y)\mathrm{d}x\mathrm{d}y=\iint_{A}x\mathrm{d}x\mathrm{d}y=\int_{0}^{1}\mathrm{d}x\int_{0}^{2(1-x)}x\mathrm{d}y=\frac{1}{3};$$

$$E(Y)=\int_{-\infty}^{+\infty}\int_{-\infty}^{+\infty}yf(x,y)\mathrm{d}x\mathrm{d}y=\iint_{A}y\mathrm{d}x\mathrm{d}y=\int_{0}^{2}y\mathrm{d}y\int_{0}^{1-\frac{y}{2}}\mathrm{d}x=\frac{2}{3};$$

$$E(XY)=\int_{-\infty}^{+\infty}\int_{-\infty}^{+\infty}xyf(x,y)\mathrm{d}x\mathrm{d}y=\iint_{A}xy\mathrm{d}x\mathrm{d}y=\int_{0}^{1}x\mathrm{d}x\int_{0}^{2(1-x)}y\mathrm{d}y=\frac{1}{6}。$$

4.1.4　数学期望的性质

下面给出数学期望的几条重要性质,对计算随机变量的数学期望是大有帮助的,在某些情形下,可以大大降低计算难度。

定理 4.2　设随机变量 X,Y 的数学期望 $E(X),E(Y)$ 存在,c 为常数,则

(1) $E(c)=c$;

(2) $E(cX)=cE(X)$;

(3) $E(X+Y)=E(X)+E(Y)$;

(4) 若随机变量 X,Y 相互独立,则 $E(XY)=E(X)E(Y)$。

证　仅在连续型情形证明性质(4),有

$$E(XY)=\int_{-\infty}^{+\infty}\int_{-\infty}^{+\infty}xyf(x,y)\mathrm{d}x\mathrm{d}y=\int_{-\infty}^{+\infty}\int_{-\infty}^{+\infty}xyf_X(x)f_Y(y)\mathrm{d}x\mathrm{d}y$$

$$=\left(\int_{-\infty}^{+\infty}xf_X(x)\mathrm{d}x\right)\left(\int_{-\infty}^{+\infty}yf_Y(y)\mathrm{d}y\right)=E(X)E(Y)。$$

性质(3)、(4)可以推广到多个随机变量的情形。

例 4.13　设随机变量 X 服从超几何分布,分布律为

$$P\{X=k\}=\frac{C_M^k C_{N-M}^{n-k}}{C_N^n},k=0,1,2,\cdots,n,$$

求 $E(X)$。

解　设有一个实验,从装有 N 个球,其中 M 个白球的袋子中依次取出球,每次一个,共取 n 次,记 $X_k(k=1,,2,\cdots,n)$ 为第 k 次取到的白球数,即

$$X_k=\begin{cases}0, & \text{第 } k \text{ 次未取到白球},\\ 1, & \text{第 } k \text{ 次取到白球},\end{cases}$$

根据抽签问题结论得

$$P\{X_k=0\}=\frac{N-M}{N},\ P\{X_k=1\}=\frac{M}{N},\ E(X_k)=\frac{M}{N},$$

而 $X = X_1 + X_2 + \cdots + X_n$ 即为 n 次取球取出的 n 个球中的白球数，X 服从超几何分布，分布律如题目所示，所以

$$E(X) = E(X_1 + X_2 + \cdots + X_n) = E(X_1) + E(X_2) + \cdots + E(X_n) = \frac{nM}{N}.$$

4.2　方差

用仪器测量一个物体的长度，测量值一般是一个随机变量，要评价仪器的精准性，首先，测量值的期望要等于物体的真实长度，而且，要考察测量值与期望值的偏离程度，我们引入方差来度量这种偏离程度。

4.2.1　方差的定义

定义 4.2　设 X 是一个随机变量，若 $E[X - E(X)]^2$ 存在，则称之为 X 的**方差**，记为 $D(X)$，即

$$D(X) = E[X - E(X)]^2.$$

方差的算术平方根 $\sqrt{D(X)}$ 称为 X 的**标准差**。

方差实质上是随机变量函数的期望。设 X 是一个随机变量，则其数学期望是一个数，令 $a = E(X), g(x) = (x - a)^2$，则

$$D(X) = E[g(X)].$$

根据随机变量函数的数学期望的计算公式，有

（1）若 X 是离散型随机变量，分布律为

$$P\{X = x_i\} = p_i, i = 1, 2, \cdots,$$

则

$$D(X) = \sum_{i=1}^{+\infty} [x_i - E(X)]^2 p_i;$$

（2）若 X 是连续型随机变量，概率密度为 $f(x)$，则

$$D(X) = \int_{-\infty}^{+\infty} [x - E(X)]^2 f(x) \mathrm{d}x.$$

方差也可以按下列公式计算：

$$D(X) = E(X^2) - [E(X)]^2.$$

例 4.14　设随机变量 X 的分布律为

表 4-4

X	0	1	2
p_i	$\frac{1}{4}$	$\frac{1}{2}$	$\frac{1}{4}$

求 $D(X)$。

解
$$E(X) = \sum_{i=0}^{2} x_i p_i = 1,$$

$$D(X) = \sum_{i=0}^{2} \left[x_i - E(X) \right]^2 p_i$$

$$= (0-1)^2 \times \frac{1}{4} + (1-1)^2 \times \frac{1}{2} + (2-1)^2 \times \frac{1}{4} = \frac{1}{2};$$

或

$$E(X^2) = \sum_{i=0}^{2} x_i^2 p_i = 0^2 \times \frac{1}{4} + 1^2 \times \frac{1}{2} + 2^2 \times \frac{1}{4} = \frac{3}{2},$$

$$D(X) = E(X^2) - \left[E(X) \right]^2 = \frac{1}{2}。$$

例 4.15　设随机变量 X 的密度函数为

$$f(x) = \begin{cases} 1+x, & -1 \leqslant x < 0, \\ 1-x, & 0 \leqslant x \leqslant 1, \\ 0, & \text{其他}, \end{cases}$$

求 $D(X)$。

解　$E(X) = \displaystyle\int_{-\infty}^{+\infty} x f(x) \mathrm{d}x = \int_{-1}^{0} x(1+x) \mathrm{d}x + \int_{0}^{1} x(1-x) \mathrm{d}x = 0,$

$$E(X^2) = \int_{-\infty}^{+\infty} x^2 f(x) \mathrm{d}x = \int_{-1}^{0} x^2 (1+x) \mathrm{d}x + \int_{0}^{1} x^2 (1-x) \mathrm{d}x = \frac{1}{6},$$

于是

$$D(X) = E(X^2) - \left[E(X) \right]^2 = \frac{1}{6}。$$

4.2.2　方差的性质

下面给出方差的几条重要性质。

设随机变量 X, Y 的方差 $D(X), D(Y)$ 存在，c 为常数，则

(1) $D(c) = 0$；

(2) $D(cX) = c^2 D(X)$；

(3) 若随机变量 X, Y 相互独立，则 $D(X \pm Y) = D(X) + D(Y)$；

(4) $D(X) = E\left[X - E(X) \right]^2 \leqslant E\left(X - c \right)^2$。

证　仅证性质(3)，(4)。

(3) $D(X \pm Y) = E\left[(X \pm Y) - E(X \pm Y) \right]^2$

$$= E\left[(X - E(X)) \pm (Y - E(Y)) \right]^2$$

$$= E\left[X - E(X) \right]^2 + E\left[Y - E(Y) \right]^2 \pm 2E\left[(X - E(X))(Y - E(Y)) \right]$$

$$= D(X) + D(Y) \pm 2E\left[(X - E(X))(Y - E(Y)) \right],$$

由随机变量 X, Y 相互独立的条件知

$$E\left[(X - E(X))(Y - E(Y)) \right] = 0,$$

即得

$$D(X \pm Y) = D(X) + D(Y)。$$

(4) $D(X) = D(X - c) = E(X - c)^2 - [E(X) - c]^2 \leqslant E(X - c)^2$。

例 4.16 随机变量 X 具有数学期望 $E(X) = \mu$，方差 $D(X) = \sigma^2 > 0$，称

$$Y = \frac{X - \mu}{\sigma}$$

为随机变量 X 的**标准化**，证明：$E(Y) = 0$，$D(Y) = 1$。

证
$$E(Y) = E\left(\frac{X - \mu}{\sigma}\right) = \frac{E(X - \mu)}{\sigma} = \frac{E(X) - \mu}{\sigma} = 0,$$

$$D(Y) = D\left(\frac{X - \mu}{\sigma}\right) = \frac{D(X - \mu)}{\sigma^2} = \frac{D(X)}{\sigma^2} = 1。$$

例 4.17 设随机变量 $X_i (i = 1, 2, \cdots, n)$ 相互独立，且同服从 0-1 分布 $b(1, p)$，根据二项分布的可加性知，$X = X_1 + X_2 + \cdots + X_n \sim b(n, p)$，求 $E(X)$，$D(X)$。

解 X_i 服从 0-1 分布 $b(1, p)$，易知

$$E(X_i) = p, \quad D(X_i) = pq, \quad q = 1 - p,$$

$$E(X) = E(X_1 + X_2 + \cdots + X_n) = E(X_1) + E(X_2) + \cdots + E(X_n) = np;$$

由随机变量 $X_i (i = 1, 2, \cdots, n)$ 相互独立，得

$$D(X) = D(X_1 + X_2 + \cdots + X_n) = D(X_1) + D(X_2) + \cdots + D(X_n) = npq。$$

4.2.3 常用分布的方差

(1) 0-1 分布。设随机变量 X 服从参数为 p 的 0-1 分布，则 $D(X) = pq$，$q = 1 - p$。

(2) 二项分布。设随机变量 $X \sim b(n, p)$，则 $D(X) = npq$，$q = 1 - p$。

(3) 泊松分布。设随机变量 $X \sim P(\lambda)$，则 $D(X) = \lambda$。

由上一节知，$E(X) = \lambda$，故

$$\begin{aligned}
E(X^2) &= E[X(X-1)] + E(X) \\
&= \sum_{k=1}^{\infty} k(k-1) \frac{\lambda^k e^{-\lambda}}{k!} + \lambda \\
&= \lambda^2 e^{-\lambda} \sum_{k=2}^{\infty} \frac{\lambda^{k-2}}{(k-2)!} + \lambda \\
&= \lambda^2 + \lambda,
\end{aligned}$$

从而

$$D(X) = E(X^2) - [E(X)]^2 = \lambda。$$

(4) 均匀分布。设随机变量 $X \sim U[a, b]$，则 $D(X) = \dfrac{(b-a)^2}{12}$。

由上一节知，$E(X) = \dfrac{a + b}{2}$，故

$$\begin{aligned}
D(X) &= E(X^2) - [E(X)]^2 \\
&= \int_a^b x^2 \frac{1}{b-a} \mathrm{d}x - \left(\frac{a+b}{2}\right)^2 \\
&= \frac{(b-a)^2}{12}。
\end{aligned}$$

（5）指数分布。设随机变量 $X \sim E(\lambda)$，则 $D(X) = \dfrac{1}{\lambda^2}$。

由上一节知，$E(X) = \dfrac{1}{\lambda}$，故

$$E(X^2) = \int_0^{+\infty} x^2 \lambda \mathrm{e}^{-\lambda x} \mathrm{d}x = \frac{2}{\lambda^2},$$

从而

$$D(X) = E(X^2) - [E(X)]^2 = \frac{1}{\lambda^2}。$$

（6）正态分布。设随机变量 $X \sim N(\mu, \sigma^2)$，则 $D(X) = \sigma^2$。

由上一节知，$E(X) = \mu$，故

$$
\begin{aligned}
D(X) &= \int_{-\infty}^{+\infty} [x - E(X)]^2 f(x) \mathrm{d}x \\
&= \int_{-\infty}^{+\infty} (x - \mu)^2 \frac{1}{\sqrt{2\pi}\sigma} \mathrm{e}^{-\frac{(x-\mu)^2}{2\sigma^2}} \mathrm{d}x \\
&= \frac{\sigma^2}{\sqrt{2\pi}} \int_{-\infty}^{+\infty} t^2 \mathrm{e}^{-\frac{t^2}{2}} \mathrm{d}t \\
&= \sigma^2。
\end{aligned}
$$

当随机变量 $X \sim N(\mu, \sigma^2)$ 时，其参数 μ, σ^2 有明确的含义。设随机变量 $X_i \sim N(\mu_i, \sigma_i^2)$ $(i = 1, 2, \cdots, n)$，且这些随机变量相互独立，则它们的线性组合 $c_1 X_1 + c_2 X_2 + \cdots + c_n X_n$ $(c_1, c_2, \cdots, c_n$ 是不全为零的常数）仍服从正态分布，由期望和方差的性质，有

$$c_1 X_1 + c_2 X_2 + \cdots + c_n X_n \sim N\left(\sum_{i=1}^{n} c_i \mu_i, \sum_{i=1}^{n} c_i^2 \sigma_i^2\right)。$$

熟悉常用分布的期望、方差，以及期望、方差的性质，在某些情形下可以简化计算。

例 4.18　随机变量 X, Y 相互独立，且概率密度分别为

$$f_X(x) = \begin{cases} 2\mathrm{e}^{-2x}, & x > 0, \\ 0, & x \leqslant 0; \end{cases} \qquad f_Y(y) = \begin{cases} 4\mathrm{e}^{-4y}, & y > 0, \\ 0, & y \leqslant 0。 \end{cases}$$

求 $E(2X - 3Y^2)$。

解　由题意知 $X \sim E(2), Y \sim E(4)$，则

$$E(X) = \frac{1}{2}, \ E(Y) = \frac{1}{4}, \ D(Y) = \frac{1}{16},$$

$$E(Y^2) = D(Y) + [E(Y)]^2 = \frac{1}{8},$$

$$E(2X - 3Y^2) = 2E(X) - 3E(Y^2) = \frac{5}{8}。$$

4.3　协方差、相关系数与矩

二维随机变量 (X, Y) 除了有两个随机变量 X, Y 各自的特征，还有两者之间联系的特

征。$E(X),E(Y),D(X),D(Y)$ 只反映了随机变量 X,Y 各自的特征,本节我们讨论能反映两者之间联系的数字特征。

4.3.1 协方差与相关系数

定义 4.3 设 (X,Y) 是二维随机变量,称

$$E[(X-E(X))(Y-E(Y))]$$

为随机变量 X,Y 的**协方差**,记为 $Cov(X,Y)$,即

$$Cov(X,Y) = E[(X-E(X))(Y-E(Y))]。$$

特别地,

$$Cov(X,X) = D(X),$$

由上述定义和方差性质,有

$$D(X \pm Y) = D(X) + D(Y) \pm 2Cov(X,Y)。$$

容易得到

$$Cov(X,Y) = E(XY) - E(X)E(Y)。$$

协方差有助于我们了解两个随机变量之间的关系。简单地说,正的协方差表示两个随机变量倾向于同时取较大值或较小值,负的协方差表示两个随机变量倾向于一个取较大值时另一个取较小值。

协方差具有下列性质:

(1) $Cov(X,Y) = Cov(Y,X)$;

(2) $Cov(X_1 + X_2,Y) = Cov(X_1,Y) + Cov(X_2,Y)$;

(3) $Cov(aX,bY) = abCov(X,Y)$,其中 a,b 是常数;

(4) 若 X,Y 相互独立,则 $Cov(X,Y) = 0$。

定义 4.4 设 (X,Y) 是二维随机变量,$D(X) > 0, D(Y) > 0$,称

$$\rho_{XY} = \frac{Cov(X,Y)}{\sqrt{D(X)} \sqrt{D(Y)}}$$

为随机变量 X,Y 的**相关系数**,简记为 ρ。

相关系数 ρ_{XY} 是随机变量 X,Y 标准化后的协方差,更好地反映了随机变量 X,Y 之间的关系。

例 4.19 设 (X,Y) 是二维随机变量,其联合分布及边缘分布如下(其中 $q = 1-p$):

表 4-5

Y \ X	0	1	$P\{Y = y_j\}$
0	q	0	q
1	0	p	p
$P\{X = x_i\}$	q	p	

求随机变量 X,Y 的相关系数 ρ。

解 由题意得

$$E(X) = E(Y) = p,$$
$$D(X) = D(Y) = pq,$$
$$E(XY) = p,$$
$$Cov(X,Y) = E(XY) - E(X)E(Y) = p - p^2 = pq,$$

所以

$$\rho = \frac{Cov(X,Y)}{\sqrt{D(X)}\ \sqrt{D(Y)}} = 1。$$

学完下一小节后,在本题条件下可知 $X = Y$,即有 $\rho = 1$。

4.3.2　独立性与不相关性

定理 4.3　设 ρ 为随机变量 X,Y 的相关系数,则

(1) $|\rho| \leqslant 1$;

(2) $|\rho| = 1$ 的充分必要条件是存在常数 $a(\neq 0),b$ 使得 $P\{Y = aX + b\} = 1$。

证　(1) 对任意的实数 t, 有

$$D(Y - tX) = E\left[(Y - tX) - E(Y - tX)\right]^2$$
$$= E\left[(Y - E(Y)) - t(X - E(X))\right]^2$$
$$= t^2 D(X) - 2t Cov(X,Y) + D(Y) \geqslant 0,$$

上述关于 t 的一元二次式大于等于 0,则其判别式

$$\Delta = 4\left[Cov(X,Y)\right]^2 - 4D(X)D(Y) \leqslant 0,$$

即

$$\frac{\left[Cov(X,Y)\right]^2}{D(X)D(Y)} \leqslant 1,$$

两边开方刚好就是结论(1)。

(2) $|\rho| = 1$ 等价于上述判别式 $\Delta = 4\left[Cov(X,Y)\right]^2 - 4D(X)D(Y) = 0$,这等价于存在实数 t 使得 $D(Y - tX) = 0$,也就是说 $Y - tX$ 是退化的单点分布,即存在常数 c 使得 $P\{Y - tX = c\} = 1$,于是结论得证。

从上面的证明可以看出,当 $|\rho|$ 较大时,随机变量 X,Y 之间具有较明显的线性关系。$|\rho| = 1$ 当且仅当随机变量 X,Y 之间以概率 1 存在线性关系 $Y = aX + b$,确切地说,有

$\rho = 1$ 当且仅当 X,Y 之间以概率 1 存在线性关系 $Y = aX + b(a > 0)$;

$\rho = -1$ 当且仅当 X,Y 之间以概率 1 存在线性关系 $Y = aX + b(a < 0)$。

ρ 是一个反映 X,Y 之间线性关系紧密程度的数字特征。

当 $\rho = 0$ 时,称 X,Y **不相关**。

若 X,Y 相互独立,则 $Cov(X,Y) = 0$,这时 $\rho = 0$,即 X,Y 不相关;但若 X,Y 不相关,X,Y 却不一定相互独立。不相关是对线性关系而言的,相互独立是对一般关系而言的。

例 4.20　设二维随机变量 (X,Y) 在单位圆域 $x^2 + y^2 \leqslant 1$ 上服从均匀分布,求相关系数 ρ。

解　由题意知

$$f(x,y) = \begin{cases} \dfrac{1}{\pi}, & x^2 + y^2 \leqslant 1, \\ 0, & \text{其他}, \end{cases}$$

由对称性得

$$E(X) = \frac{1}{\pi} \iint\limits_{x^2+y^2\leqslant 1} x\mathrm{d}x\mathrm{d}y = 0,$$

同样地，

$$E(Y) = 0,\ E(XY) = 0,$$
$$Cov(X,Y) = E(XY) - E(X)E(Y) = 0,$$

易知，$D(X) > 0, D(Y) > 0, \rho = 0$。

本题中，X,Y 不相关，在例 3.7 中，已经证明了 X,Y 不相互独立。

若二维随机变量 $(X,Y) \sim N(\mu_1,\mu_2,\sigma_1^2,\sigma_2^2,\rho)$，则关于 X,Y 的边缘分布为 $X \sim N(\mu_1,\sigma_1^2)$，$Y \sim N(\mu_2,\sigma_2^2)$，可以证明，$X,Y$ 的相关系数 $\rho_{XY} = \rho$。再对照二维正态分布的概率密度可知，对于二维正态分布的随机变量 (X,Y)，X,Y 相互独立的充要条件是 X,Y 不相关。

观察以下边缘分布相同，联合分布是几种特殊情形的随机变量及其函数的数字特征。

设有随机变量 (X,Y)，X,Y 同服从两点分布 $b(1,0.5)$，则

$$E(X) = E(Y) = 0.5, D(X) = D(Y) = 0.25。$$

（1）(X,Y) 的联合分布为

表 4-6

Y \ X	0	1
0	0.5	0
1	0	0.5

由联合分布知，$X = Y$，$X + Y = 2X$，并可以计算得相关系数 $\rho = 1$，$X + Y$ 的分布为

表 4-7

$X+Y$	0	2
p_i	0.5	0.5

可得

$$E(X+Y) = 1 = E(X) + E(Y),$$
$$D(X+Y) = 1 = D(2X) = 4D(X);$$

（2）(X,Y) 的联合分布为

表 4-8

Y \ X	0	1
0	0	0.5
1	0.5	0

由联合分布知,$X+Y=1$,$X+Y$ 的分布退化为单点分布,并可以计算得相关系数 $\rho=-1$,
$$E(X+Y)=1=E(X)+E(Y),$$
$$D(X+Y)=0;$$

(3)(X,Y) 的联合分布为

表 4-9

Y＼X	0	1
0	0.25	0.25
1	0.25	0.25

由联合分布知,X,Y 相互独立,并可以计算得相关系数 $\rho=0$,$X+Y$ 的分布为

表 4-10

$X+Y$	0	1	2
p_i	0.25	0.5	0.25

可得
$$E(X+Y)=1=E(X)+E(Y),$$
$$D(X+Y)=0.5=D(X)+D(Y);$$

$X-Y$ 的分布为

表 4-11

$X-Y$	-1	0	1
p_i	0.25	0.5	0.25

可得
$$E(X-Y)=0=E(X)-E(Y),$$
$$D(X-Y)=0.5=D(X)+D(Y)。$$

4.3.3　矩、协方差矩阵

数学期望、方差、协方差和相关系数是最常用的数字特征,本节介绍含义更广泛的矩和协方差矩阵。

定义 4.5　设 X,Y 是随机变量,若 $E(X^k)(k=1,2,\cdots)$ 存在,则称之为 X 的 k 阶原点矩,简称 k 阶矩。

若 $E[X-E(X)]^k(k=1,2,\cdots)$ 存在,则称之为 X 的 k 阶中心矩。

若 $E(X^kY^l)(k,l=1,2,\cdots)$ 存在,则称之为 X 和 Y 的 $k+l$ 阶混合矩。

若 $E\{[X-E(X)]^k[Y-E(Y)]^l\}(k,l=1,2,\cdots)$ 存在,则称之为 X 和 Y 的 $k+l$ 阶混合中心矩。

显然,$E(X)$ 是 X 的一阶原点矩,$D(X)$ 是 X 的二阶中心矩,$Cov(X,Y)$ 是 X,Y 的二阶混合中心矩。

设有二维随机变量(X_1, X_2)，四个二阶中心矩都存在，分别记为

$$c_{11} = E[X_1 - E(X_1)]^2;$$
$$c_{12} = E\{[X_1 - E(X_1)][X_2 - E(X_2)]\};$$
$$c_{21} = E\{[X_2 - E(X_2)][X_1 - E(X_1)]\};$$
$$c_{22} = E[X_2 - E(X_2)]^2,$$

称矩阵

$$C = \begin{pmatrix} c_{11} & c_{12} \\ c_{21} & c_{22} \end{pmatrix}$$

为二维随机变量(X_1, X_2)的**协方差矩阵**。

一般地，对于n维随机变量$(X_1, X_2, \cdots, X_n)$，记

$$c_{ij} = E\{[X_i - E(X_i)][X_j - E(X_j)]\} = Cov(X_i, X_j)\ (i, j = 1, 2, \cdots, n),$$

称矩阵

$$C = \begin{pmatrix} c_{11} & c_{12} & \cdots & c_{1n} \\ c_{21} & c_{22} & \cdots & c_{2n} \\ \vdots & \vdots & & \vdots \\ c_{n1} & c_{n2} & \cdots & c_{nn} \end{pmatrix}$$

为n维随机变量$(X_1, X_2, \cdots, X_n)$的**协方差矩阵**。

显然，协方差矩阵是对称矩阵。

本章小结

随机变量的数字特征由随机变量的分布确定，反映了随机变量某方面的特征。数学期望反映了随机变量取值的平均值，方差反映了随机变量的分散程度。随机变量函数的期望公式使我们在计算时不用求出函数的分布，计算更为简洁。相关系数反映了两个随机变量之间的线性关联紧密程度，两个随机变量相互独立则一定不相关，反之不成立。但对服从二维正态分布的两个随机变量，相互独立当且仅当不相关。

学习目的如下：

1. 理解数字期望和方差的概念，掌握它们的性质与计算。

2. 掌握二项分布、泊松分布、正态分布、均匀分布和指数分布的数学期望与方差。

3. 会计算随机变量函数的数学期望。

4. 了解矩、协方差和相关系数的概念与性质，并会计算。

习题 4

1. 设随机变量 X 的分布律为

表 4-12

X	-2	0	2
p_i	0.4	0.3	0.3

求 $E(X),E(X^2),E(2X^2+3),D(X)$。

2. 设随机变量 X 的分布律为

表 4-13

X	-1	0	1
p_i	p_1	p_2	p_3

且 $E(X)=0.1,E(X^2)=0.9$，求 p_1,p_2,p_3。

3. 设随机变量 X 的分布律为

$$P\left\{X=(-1)^k\frac{3^k}{k}\right\}=\frac{2}{3^k},k=1,2,\cdots,$$

证明：X 的数学期望不存在。

4. 袋中有 5 个球，编号 1,2,3,4,5，从中任取 3 个，X 表示取出的 3 个球中的最大编号，求 $E(X)$。

5. 设随机变量 X 取值非负整数，$E(X)$ 存在，证明：$E(X)=\sum_{k=1}^{\infty}P\{X\geqslant k\}$。

6. 设随机变量 X 的概率密度为

$$f(x)=\begin{cases}x, & 0\leqslant x<1,\\ 2-x, & 1\leqslant x\leqslant 2,\\ 0, & \text{其他},\end{cases}$$

求 $E(X),D(X)$。

7. 设随机变量 X 服从瑞利分布，概率密度为

$$f(x)=\begin{cases}\dfrac{x}{\sigma^2}e^{-\frac{x^2}{2\sigma^2}}, & x>0,\\ 0, & x\leqslant 0,\end{cases}$$

求 $E(X),D(X)$。

8. 设随机变量 X 的概率密度为

$$f(x)=\begin{cases}ax, & 0\leqslant x<2,\\ bx+c, & 2\leqslant x\leqslant 4,\\ 0, & \text{其他},\end{cases}$$

又 $E(X)=2,P\{1<X<3\}=\dfrac{3}{4}$，求常数 a,b,c。

9. 设随机变量 X 的概率密度为

$$f(x)=\begin{cases}e^{-x}, & x>0,\\ 0, & x\leqslant 0,\end{cases}$$

求 $E(2X),E(\mathrm{e}^{-2X})$。

10. 设随机变量 (X,Y) 的概率密度为

$$f(x)=\begin{cases}12y^2, & 0\leqslant y\leqslant x\leqslant 1,\\ 0, & \text{其他},\end{cases}$$

求 $E(X),E(Y),E(XY)$。

11. 设随机变量 X,Y 相互独立,且都服从 $N\left(0,\dfrac{1}{2}\right)$,求 $E(\mid X-Y\mid)$。

12. 设随机变量 X,Y 相互独立,$E(X)=E(Y)=3,D(X)=12,D(Y)=16$,求 $E(3X-2Y)$,$D(2X-3Y)$。

13. 一工厂生产某种设备的寿命 X(以年计)服从指数分布,概率密度为

$$f(x)=\begin{cases}\dfrac{1}{4}\mathrm{e}^{-\frac{x}{4}}, & x>0,\\ 0, & x\leqslant 0,\end{cases}$$

为确保消费者的利益,工厂规定出售的设备若在一年内损坏可以调换,若售出一台设备,工厂获利 100 元,而调换一台则损失 300 元,试求工厂出售一台设备净赢利的数学期望。

14. 设随机变量 $X_i(i=1,2,\cdots,n)$ 相互独立,且 $E(X_i)=\mu,D(X_i)=\sigma^2(i=1,2,\cdots,n)$,记 $\bar{X}=\dfrac{1}{n}\sum\limits_{k=1}^{n}X_k,S^2=\dfrac{1}{n-1}\sum\limits_{k=1}^{n}(X_k-\bar{X})^2$,证明:

(1) $E(\bar{X})=\mu,D(\bar{X})=\dfrac{\sigma^2}{n}$;

(2) $S^2=\dfrac{1}{n-1}\left(\sum\limits_{k=1}^{n}X_k^2-n\bar{X}^2\right)$;

(3) $E(S^2)=\sigma^2$。

15. 对随机变量 X,Y,已知 $D(X)=2,D(Y)=3,Cov(X,Y)=-1$,求 $Cov(3X-2Y+1,X+4Y-3)$。

16. 设随机变量 (X,Y) 的分布律为

表 4-14

Y \ X	-1	0	1
-1	$\dfrac{1}{8}$	$\dfrac{1}{8}$	$\dfrac{1}{8}$
0	$\dfrac{1}{8}$	0	$\dfrac{1}{8}$
1	$\dfrac{1}{8}$	$\dfrac{1}{8}$	$\dfrac{1}{8}$

验证 X,Y 是不相关的,但 X,Y 不是相互独立的。

17. 设二维随机变量 (X,Y) 在以 $(0,0),(0,1),(1,0)$ 为顶点的三角形区域上服从均匀分布,求 $Cov(X,Y),\rho_{XY}$。

第 5 章

大数定律与中心极限定理

随机试验在大量重复进行时,呈现出明显的规律性,如事件出现的频率会稳定于某一常数等。研究大量随机现象,数学上用极限形式来表示,形成了内容广泛的概率极限理论。我们只介绍其中最重要的大数定律和中心极限定理的最基本内容。

5.1 大数定律

5.1.1 切比雪夫不等式

对于随机变量 $X,D(X)$ 存在,则对任意 $\varepsilon > 0$,有

$$P\{\mid X - E(X) \mid \geqslant \varepsilon\} \leqslant \frac{D(X)}{\varepsilon^2}。 \tag{5.1}$$

这是一个重要的不等式,称为**切比雪夫**(Chebyshev)**不等式**。其等价形式为

$$P\{\mid X - E(X) \mid < \varepsilon\} \geqslant 1 - \frac{D(X)}{\varepsilon^2}。$$

下面我们对连续型情形给出证明。

证 设 X 的概率密度为 $f(x)$,则

$$\begin{aligned}
P\{\mid X - E(X) \mid \geqslant \varepsilon\} &= \int_{|x-E(X)|\geqslant\varepsilon} f(x)\mathrm{d}x \\
&\leqslant \int_{|x-E(X)|\geqslant\varepsilon} \frac{(x - E(X))^2}{\varepsilon^2} f(x)\mathrm{d}x \\
&\leqslant \frac{1}{\varepsilon^2} \int_{-\infty}^{+\infty} (x - E(X))^2 f(x)\mathrm{d}x \\
&= \frac{D(X)}{\varepsilon^2}。
\end{aligned}$$

切比雪夫不等式在未知随机变量分布的情况下,给出了一个概率的估计,估计的精度并不高,但在理论上具有重大意义。

例如,在切比雪夫不等式中,令 $\varepsilon = 3\sqrt{D(X)}$,得

$$P\{\mid X - E(X) \mid < 3\sqrt{D(X)}\} \geqslant \frac{8}{9} \approx 0.8889。$$

上式对任意随机变量 $X(D(X)$ 存在) 成立,若 $X \sim N(\mu, \sigma^2)$,则

$$P\{\mid X - \mu \mid < 3\sigma\} = 0.9974。$$

比较切比雪夫不等式估计值与正态分布情形的计算值,可以看出估计精度不高。

5.1.2　大数定律

人们经过长期实践认识到,尽管个别的随机试验的结果是随机的,但大量试验中却呈现出显著的规律性。大量试验时,随机事件的频率具有稳定性,而且,大量随机现象的平均结果一般也具有稳定性。例如,多次测量时,测量值的算术平均值偏差会比较小,而且测量次数越多,偏差越小,测量次数充分大时,测量值的算术平均值会稳定下来。

这些稳定性现象,可以理解为大量试验时,随机性相互抵消,共同作用的平均结果趋于稳定。

定义 5.1　设 $X_1, X_2, \cdots$ 是一个随机变量序列,令 $\overline{X}_n = \dfrac{1}{n}\sum\limits_{i=1}^{n} X_i, n = 1, 2, \cdots$,若存在常数序列 $a_1, a_2, \cdots$,对任意 $\varepsilon > 0$,有

$$\lim_{n \to \infty} P\{\,|\,\overline{X}_n - a_n\,| < \varepsilon\} = 1,$$

则称随机变量序列 $X_1, X_2, \cdots$ 服从**大数定律**。

定义 5.2　设 $Y_1, Y_2, \cdots$ 是一个随机变量序列,a 是一个常数,若对任意 $\varepsilon > 0$,有

$$\lim_{n \to \infty} P\{\,|\,Y_n - a\,| < \varepsilon\} = 1,$$

则称随机变量序列 $Y_1, Y_2, \cdots$ **依概率收敛**于 a,记为 $Y_n \xrightarrow{P} a$。

定理 5.1　(切比雪夫大数定律)设 $X_1, X_2, \cdots$ 是相互独立的随机变量序列,每个随机变量的方差存在,且方差序列有界,即存在常数 $C, D(X_i) \leqslant C, i = 1, 2, \cdots$,则此随机变量序列服从大数定律。即对任意 $\varepsilon > 0$,有

$$\lim_{n \to \infty} P\left\{\left|\frac{1}{n}\sum_{i=1}^{n} X_i - \frac{1}{n}\sum_{i=1}^{n} E(X_i)\right| < \varepsilon\right\} = 1。$$

证　　　　　$$E\left(\frac{1}{n}\sum_{i=1}^{n} X_i\right) = \frac{1}{n}\sum_{i=1}^{n} E(X_i),$$

由独立性得

$$D\left(\frac{1}{n}\sum_{i=1}^{n} X_i\right) = \frac{1}{n^2}\sum_{i=1}^{n} D(X_i) \leqslant \frac{1}{n^2} \times nC = \frac{C}{n},$$

由切比雪夫不等式有

$$P\left\{\left|\frac{1}{n}\sum_{i=1}^{n} X_i - \frac{1}{n}\sum_{i=1}^{n} E(X_i)\right| < \varepsilon\right\} \geqslant 1 - \frac{C}{n\varepsilon^2},$$

令 $n \to \infty$,由于事件概率不大于 1,得

$$\lim_{n \to \infty} P\left\{\left|\frac{1}{n}\sum_{i=1}^{n} X_i - \frac{1}{n}\sum_{i=1}^{n} E(X_i)\right| < \varepsilon\right\} = 1。$$

特别地,设 $X_1, X_2, \cdots$ 是相互独立的随机变量序列,具有相同的数学期望和方差:$E(X_i) = \mu, D(X_i) = \sigma^2, i = 1, 2, \cdots$,则对任意 $\varepsilon > 0$,有

$$\lim_{n \to \infty} P\{\,|\,\overline{X}_n - \mu\,| < \varepsilon\} = 1。$$

切比雪夫大数定律说明,当 n 充分大时,n 个相互独立随机变量的算术平均数

$\overline{X}_n = \frac{1}{n}\sum_{i=1}^{n} X_i$ 聚 集 在 它 们 的 数 学 期 望 的 算 术 平 均 数 $\frac{1}{n}\sum_{i=1}^{n} E(X_i)$ 附 近。在 期 望、方 差 相 同 的 场 合，是 随 机 变 量 的 算 术 平 均 数 "趋 于" 数 学 期 望，严 格 地 说，是 随 机 变 量 序 列 $\overline{X}_n = \frac{1}{n}\sum_{i=1}^{n} X_i$ 依 概 率 收 敛 于 其 数 学 期 望 μ。

定理 5.2 （伯努利大数定律）设 μ_A 是 n 次独立重复试验中事件 A 发生的次数，p 是每次试验中 A 发生的概率，则对任意 $\varepsilon > 0$，有

$$\lim_{n\to\infty} P\left\{ \left| \frac{\mu_A}{n} - p \right| < \varepsilon \right\} = 1。$$

根据已有的结果，n 次独立重复试验中事件 A 发生的次数 μ_A 服从二项分布 $b(n,p)$ $(0 < p < 1)$，可以表示为 n 个独立同分布的 0-1 分布 $b(1,p)$ 之和，即

$$\mu_A = \frac{1}{n}\sum_{i=1}^{n} X_i, X_i \sim b(1,p)，$$

由前面的证法立即证得本定理。

伯努利大数定律表明，大量独立重复试验中事件 A 发生的频率 $\frac{\mu_A}{n}$ 依概率收敛于事件 A 发生的概率 p，也即证明了频率的稳定性。正是这种频率稳定性，概率的概念才有实际意义。同时，伯努利大数定律提供了测定实际事件概率的方法，将大量独立重复试验中事件的频率作为概率的估计值。当然这个方法要求的独立性条件是重要的，实际应用中，人们往往凭经验来判断。

例如，有很多多米诺骨牌，骨牌以一个概率倒下，假定一个倒下则全部倒下，由于每个骨牌是否倒下不是独立的，这时骨牌倒下的频率不具有稳定性。

上述的大数定律要求随机变量序列的方差存在，并有共同上界，在独立同分布场合，并不要求方差存在。下面是一个独立同分布的大数定律，由于没有方差存在的条件，用切比雪夫不等式证明前面大数定律的方法不可用，其证明方法已超出本书范围。

定理 5.3 （辛钦(Khinchin)大数定律）设 $X_1, X_2, \cdots$ 是相互独立，且服从同一分布的随机变量序列，数学期望 $E(X_i) = \mu$ 存在，则对任意 $\varepsilon > 0$，有

$$\lim_{n\to\infty} P\left\{ \left| \frac{1}{n}\sum_{i=1}^{n} X_i - \mu \right| < \varepsilon \right\} = 1。$$

这一定律给出了多次测量物理量时，采用实测值的算术平均值作为物理量的近似值的理论依据，实际上是利用随机变量的大量观测值的算术平均值来估计随机变量的期望。例如，有一批产品，其寿命 X 是随机变量，其分布未知，需要确定这批产品的平均寿命 $E(X)$，可以从这批产品中随机抽取 n 件产品，测定它们的寿命，n 较大时，测出的产品寿命的算术平均值一般会接近 $E(X)$。

5.2　中心极限定理

在现实中，有许多随机现象是由大量随机因素叠加的结果，其中每个因素作用不显

著,但综合起来作用却是显著的,将这种现象抽象为概率论的内容,就是要研究独立随机变量的和的极限分布,这是中心极限定理的内容。

5.2.1　独立同分布中心极限定理

定理5.4　(独立同分布中心极限定理)设 $X_1,X_2,\cdots$ 是相互独立,且服从同一分布的随机变量序列,存在数学期望和方差 $E(X_i)=\mu,D(X_i)=\sigma^2\neq 0(i=1,2,\cdots)$,则随机变量

$$Y_n=\frac{\sum\limits_{i=1}^{n}X_i-n\mu}{\sqrt{n}\sigma}$$

的分布函数 $F_n(x)$,对任意的 x,有

$$\lim_{n\to\infty}F_n(x)=\lim_{n\to\infty}P\left(\frac{\sum\limits_{i=1}^{n}X_i-n\mu}{\sqrt{n}\sigma}\leqslant x\right)$$
$$=\int_{-\infty}^{x}\frac{1}{\sqrt{2\pi}}e^{-\frac{t^2}{2}}dt。$$

对满足定理5.4条件的随机变量序列 $X_1,X_2,\cdots$,记部分和 $Z_n=\sum\limits_{i=1}^{n}X_i$,则
$$E(Z_n)=n\mu,\ D(Z_n)=n\sigma^2,$$
将 Z_n 标准化

$$Y_n=\frac{Z_n-E(Z_n)}{\sqrt{D(Z_n)}}=\frac{\sum\limits_{i=1}^{n}X_i-n\mu}{\sqrt{n}\sigma},$$

则 $E(Y_n)=0,D(Y_n)=1$,而 Y_n,Z_n 的具体分布形式未知。

从定理5.4得出,当 n 充分大时,Y_n,Z_n 都近似正态分布,近似地有
$$Y_n\sim N(0,1),\ Z_n\sim N(n\mu,n\sigma^2)。$$

中心极限定理有着多方面的应用。对于独立同分布的随机变量的和 $Z_n=\sum\limits_{i=1}^{n}X_i$,不论 X_i 服从什么分布,当 n 充分大时,Z_n 都近似服从正态分布,这样我们只需知道 X_i 的数学期望和方差,就能给出确定参数的正态分布作为 Z_n 的近似分布。在数理统计部分,中心极限定理是大样本统计推断的理论基础。

例5.1　某厂有100台同型机床,每台机床在一个时段内耗电量是独立同分布的随机变量,数学期望是2,方差是1.69。求这时段内100台机床总耗电量在180到220之间的概率。

解　设 X_i 是第 i 台机床的耗电量,X 是100台机床的总耗电量,则

$$X=\sum_{i=1}^{100}X_i,E(X)=200,D(X)=169,$$

根据中心极限定理,近似地有 $\dfrac{X-200}{13} \sim N(0,1)$,于是所求的概率为

$$P\{180 \leqslant X \leqslant 220\} = P\left\{\left|\frac{X-200}{13}\right| \leqslant \frac{20}{13}\right\}$$

$$\approx 2\varPhi\left(\frac{20}{13}\right) - 1 = 0.8764。$$

5.2.2　棣莫弗-拉普拉斯中心极限定理

在独立同分布的中心极限定理中,若随机变量序列是服从 0-1 分布的,可得到中心极限定理中最常用的一种形式。

定理 5.5　(棣莫弗-拉普拉斯(DeMoiver-Laplace)中心极限定理)设随机变量 $X \sim b(n,p)$,$0 < p < 1$,则对于任意的 x,有

$$\lim_{n \to \infty} P\left\{\frac{X-np}{\sqrt{npq}} \leqslant x\right\} = \int_{-\infty}^{x} \frac{1}{\sqrt{2\pi}} e^{-\frac{t^2}{2}} \mathrm{d}t, q = 1 - p。$$

在定理 5.4 中,令随机变量序列 $X_1, X_2, \cdots$ 同服从 0-1 分布 $b(1,p)$,则 $X = \sum\limits_{i=1}^{n} X_i$ 服从二项分布 $b(n,p)$(这里,随 n 变化 X 也变化,为了定理表达的简洁,未标明 X 的变化),而

$$E(X) = np, \quad D(X) = npq,$$

由定理 5.4,可得到本定理。

这个定理表明,正态分布是二项分布的极限分布,当 n 充分大时,可以用正态分布来计算二项分布的概率。即若随机变量 $X \sim b(n,p)$,当 n 充分大时,近似地,有 $X \sim N(np, npq)$,标准化后,近似地,有 $\dfrac{X-np}{\sqrt{npq}} \sim N(0,1)$。

由于二项分布是离散型随机变量,而正态分布是连续型随机变量,要注意两者表述上的差异,如 $X \sim b(n,p)$,要近似计算 $P\{X=k\}$,可以令 $Y \sim N(np, npq)$,计算 $P\{k-1 < Y \leqslant k\}$ 或 $P\{k-0.5 < Y \leqslant k+0.5\}$ 作为 $P\{X=k\}$ 的近似值。

例 5.2　设随机变量 $X \sim b(200, 0.8)$,近似计算 $P\{X \geqslant 150\}$。

解　由二项分布的数学期望和方差公式得 $E(X) = 160$,$D(X) = 32$,于是近似地有

$$X \sim N(160, 32),$$

则

$$P\{X \geqslant 150\} = P\left\{\frac{X-160}{\sqrt{32}} \geqslant \frac{150-160}{\sqrt{32}}\right\}$$

$$= P\left\{\frac{X-160}{\sqrt{32}} \geqslant -1.77\right\}$$

$$\approx 1 - \varPhi(-1.77) = \varPhi(1.77) = 0.96。$$

例 5.3　保险公司开办一种人身保险业务,被保险人每年需要交付保险费 160 元,若一年内发生重大人身事故,保险公司赔付 2 万元,共有 5000 人参保,每人一年内发生重大

人身事故的概率为 0.005,问保险公司一年内从这项业务收益在 20 万元到 40 万元之间的概率。

解   公司收保险费 80 万元,赔付人数在 20 人到 30 人之间时,保险公司一年内从这项业务收益在 20 万元到 40 万元之间。设 X 是 5000 参保人中一年内发生重大人身事故的人数,则

$$X \sim N(5000, 0.005), \quad E(X) = 25, \quad D(X) = 24.875,$$

由中心极限定理 5.5,近似地有 $X \sim N(25, 24.875)$,于是

$$P\{20 \leqslant X \leqslant 30\} = P\left\{ \frac{20-25}{\sqrt{24.875}} \leqslant \frac{X-25}{\sqrt{24.875}} \leqslant \frac{30-25}{\sqrt{24.875}} \right\}$$

$$\approx \Phi(1.0025) - \Phi(-1.0025) = 0.6839.$$

本章小结

本章主要内容是切比雪夫不等式、大数定律、中心极限定理。切比雪夫不等式给出了随机变量分布未知,数学期望、方差已知时的一个随机事件概率的估计,在概率理论方面有着重要应用。

频率的稳定性是概率定义的基础,也提供了估计某些现实随机事件概率的方法,大数定律研究了大量试验时,频率以及观测值的算术平均值的稳定性,在一些条件下给出了严密的数学证明。

中心极限定理研究了独立随机变量和的极限分布,在相当一般条件下,其极限分布是正态分布,说明了正态分布的重要性和广泛性。多因素共同作用的随机现象,如果每个因素作用相差都不显著,一般可以用正态分布描述。中心极限定理提供了多个独立同分布随机变量和,在未知分布,只知道数学期望和方差时,近似计算概率的方法。

学习目的如下:

1. 了解切比雪夫不等式。

2. 了解切比雪夫大数定律和伯努利大数定律。

3. 了解林德伯格-列维定理(独立同分布的中心极限定理)和棣莫佛-拉普拉斯定理(二项分布以正态分布为极限分布),并能运用两个中心极限定理做简单的近似概率计算问题。

习题 5

1. 小袋茶叶重量是一个随机变量,数学期望是 10 克,方差是 0.1 克^2,求 100 袋这种茶叶总重量在 990 克至 1010 克之间的概率。

2. 随机变量 $X \sim b(10000, 0.7)$,用切比雪夫不等式估计并用中心极限定理近似计算 $P\{6800 \leqslant X \leqslant 7200\}$。

3.随机变量序列独立同服从参数为 λ 的指数分布,试给出相应的中心极限定理形式。

4.保险公司有 10000 人参保,保费 12 元,保险公司有 0.006 的概率赔付 1000 元,求该保险公司利润超过 40000 元的概率。

5.进行加法运算时,先对加数舍入取整再加,舍入误差独立同服从 $(-0.5,0.5)$ 上的均匀分布,1500 个数相加,求误差总和绝对值超过 15 的概率。

第6章

数理统计的基本概念

在前5章里我们讨论了概率论的基本概念和方法,研究随机现象首先要了解它的概率分布,随机变量及其所伴随的概率分布全面描述了随机现象的统计规律性。在概率论的许多问题中,概率分布通常是已知的,或者假设为已知的,并以此为基础进行计算和推断。但是在实际情况中往往并非如此,一个随机现象所服从的分布可能完全不知道,也有可能仅知道其服从什么分布但不知道其所含的参数。例如,在一段时间内,某地区发生的雷暴数量服从什么分布是完全不知道的;航空发动机的寿命服从什么分布也是不知道的。再例如,某公司要采购一批产品,每件产品要么是合格品要么是不合格品,服从两点分布,但该批产品的不合格品率 p 却是不知道的。由此,弄清楚这些随机现象的分布或者分布中的参数是至关重要的问题,也是数理统计首先要解决的问题。在数理统计学中我们总是从所要研究的对象全体中进行观测或试验以取得部分数据,根据试验或观测到的数据,对研究对象的客观规律做出种种合理的估计和推断。

通俗地讲,数理统计研究如何有效地收集数据,并利用一定的统计方法分析数据,提取数据中的有用信息,形成统计结论,为决策提供依据。因此,只要有数据,或者通过观测、调查、试验可以获得数据,就需要用到数理统计。在当前这个信息爆炸的时代,数据无处不在且时刻在以几何级数增长,因此数理统计的方法和应用也已经无处不在。

6.1 几个基本概念

6.1.1 总体与样本

定义 6.1 某一特定研究中研究对象的全体称为**总体**,记为 X,它是一个随机变量。组成总体的每个基本单位称为**个体**。

例如,我们要研究某大学的学生身高情况,则该大学的全体学生构成问题的总体,而每一个学生即是一个个体。事实上,每一个学生有许多特征:性别、身高、年龄、体重,等等,而在该问题中,我们只关心学生的身高如何,则每个学生所具有的数量指标 —— 身高就是个体,而将所有学生的身高看成总体。此时,若抛开实际背景,总体就是一堆数,这堆数中有大有小,有的出现的机会多,有的出现的机会少,因此可以用一个概率分布去描述和归纳总体。从这个意义上看,总体就是一个分布,而其数量指标就是服从这个分布的随机变量。以后说"从某总体中抽样"与"从某分布中抽样"是同一个意思。

定义 6.2 从总体中抽取的一部分个体的集合称为**样本**,来自总体 X 的样本可记为

$X_1,X_2,\cdots,X_n$,样本中所含个体的个数 n 称为**样本容量**。每一次具体的抽样所得的数据称为**样本观测值**,记为 $x_1,x_2,\cdots,x_n$。

样本的一个重要性质是它具有二重性。假设 $X_1,X_2,\cdots,X_n$ 是从总体 X 中抽取的一组样本,在一次具体的观测或试验中,它们是一批测量值,是一些已知的数。这就是说,样本具有数的属性。但是,另一方面,由于在具体的试验或观测中,受到各种随机因素的影响,在不同的观测中样本取值可能完全不同。因此,当脱离开具体的试验或观测时,我们并不知道样本 $X_1,X_2,\cdots,X_n$ 的具体取值是多少,而且,从理论上讲,其中的每一个随机变量都可以取到总体 X 的所有可能取值,因此,应该把它们看成随机变量。这时,样本就具有随机变量的属性。这里,特别强调,以后凡是我们离开具体的一次观测或试验来谈及样本 $X_1,X_2,\cdots,X_n$ 时,它们总是被看成随机变量,这对理解后面的内容十分重要。

定义 6.3　若随机变量 $X_1,X_2,\cdots,X_n$ 相互独立且每个 $X_i(i=1,2,\cdots,n)$ 与总体 X 有相同的概率分布,则称随机变量 $X_1,X_2,\cdots,X_n$ 是来自总体 X 的样本容量为 n 的一个**简单随机样本**,称 $X_i(i=1,2,\cdots,n)$ 为样本的第 i 个分量。若 X 有分布密度 $f(x)$(或分布函数 $F(x)$),则称 $X_1,X_2,\cdots,X_n$ 是来自总体 $f(x)$(或 $F(x)$)的样本。

本书中,我们总假定抽取的样本是简单随机样本。于是,若 $X_1,X_2,\cdots,X_n$ 是来自总体 $f(x)$(或 $F(x)$)的样本,则由简单随机样本的特性知,$X_1,X_2,\cdots,X_n$ 具有联合分布密度(或分布函数)$\prod\limits_{i=1}^{n}f(x_i)$(或 $\prod\limits_{i=1}^{n}F(x_i)$)。

特别指出,若总体 X 是离散总体,则我们可以将之连续化处理。例如,若总体 X 服从两点分布

$$P\{X=1\}=p,\ P\{X=0\}=1-p,$$

则可连续化处理写为

$$f(x)=P\{X=x\}=p^x(1-p)^{1-x},x=0,1,$$

称之为总体 X 的**概率函数**。若从服从两点分布的总体 X 中抽取一组样本 $X_1,X_2,\cdots,X_n$,则样本的联合概率函数为

$$\prod_{i=1}^{n}f(x_i)=p^{\sum\limits_{i=1}^{n}x_i}(1-p)^{n-\sum\limits_{i=1}^{n}x_i},x_i=0,1。$$

显然,离散总体经过处理之后与连续总体已经没有本质的区别。以后,我们可以对离散总体和连续总体不加严格区分,将离散总体的概率函数和连续总体的密度函数统称为概率函数。

6.1.2　直方图

直方图是以一组直立条形显现频数特征的统计图形。在直方图中,每一类数据用一个条形表示,条形的长度代表这一类中观察值的频数或相对频数。通过直方图,可以直观地看到各组数据频数的高低,从而对全部数据有一个整体上的初步印象。

对于数值型数据的整理主要是进行分组。所谓分组,就是根据研究的需要,将数据分为不同的组别。通常有两种类型:单项式分组和组距式分组。单项式分组方法通常只适合

于离散变量,且在变量较少的情况下使用。例如,大学生的成绩以绩点划分,可以分为 5 组,即 4、3、2、1、0。

在连续变量或变量值较多的情况下,通常采用组距式分组。

定义 6.4　将全部变量值依次划分为若干个区间,并将每一区间的变量值作为一组,称为**组距式分组**。在组距式分组中,一个组的最小值称为**下限**;一个组的最大值称为**上限**;一个组的上限与下限的差,称为**组距**。即组距 ＝(最大值－最小值)÷组数。

分组的具体步骤如下:

第一步:确定组数。一组数据分多少组合适呢?一般与数据本身的特点及数据的多少有关。由于分组的目的之一是观察数据分布的特征,因此组数的多少应适中。如组数太少,数据的分布就会过于集中;组数太多,数据的分布就会过于分散,这都不便于观察数据分布的特征和规律。因此,必须恰当地确定组数。在实际分组时,通常可以按照美国学者史特杰斯(Sturges H A)提出的经验公式来确定组数 K:$K = 1 + \dfrac{\ln n}{\ln 2} \approx 1 + 1.4427 \ln n$,其中 n 为数据的个数,对结果用四舍五入的办法取整数即为组数。当然在实际应用时,可根据数据的多少和特点及分析的要求,参考这一标准灵活确定组数。

第二步:确定各组的组距、组限。组距的大小一般由组数和全距来决定。全距是所有数据中最大值与最小值之差。为便于计算,组距宜取 5 或 10 的倍数,而且第一组的下限应低于最小变量值,最后一组的上限应高于最大变量值。

数值型变量有离散型与连续型之分,其组限的划分也有所不同。

离散型变量可以一一列举,而且相邻的两个整数之间不可能有其他值,因此每一组的上、下限都可以有确定的数值表示。这种分组,以 a 代表下限,b 代表上限,其实际区间为 $[a,b]$。

连续型变量在两个数之间可能有很多数值,无法一一列举。往往会把前一组的上限与后一组的下限重叠起来。例如,把举重运动员的体重分为 $50 \sim 55,55 \sim 60,\cdots$ 不同级别。一般地,把重叠的数值归入到后一组,如 55 归入 55~60 这一组中。这种分组,其实际区间为 $[a,b)$,即上限不在内,下限在内的原则。

第三步:根据分组整理成频数分布表。

在组距式分组中,每一个组的中间值,即该组上限与下限的和的一半,称为该组的**组中值**。即

$$组中值 ＝(上限 ＋ 下限)÷2。$$

组中值是每个组的代表值。因为经过组距式分组后,各个具体数值不见了,而很多情况下,我们不仅仅满足知道数据的范围,还需要进一步确定一个能够代表各组平均水平的数值,组中值应该是一个较为合适的代表。

当然,用组中值作为整个一组数据的代表应该满足一些条件,即每一组内部的数据应尽可能呈均匀分布或在组中值两侧对称分布。完全满足这一前提是不可能的,但在分组时应尽量满足这一要求,以减少用组中值代表各组数据产生的误差。

此外,对于开口组数据的组中值的计算公式如下:

$$缺下限开口组的组中值 = 上限 - 相邻组组距 \div 2;$$
$$缺上限开口组的组中值 = 下限 + 相邻组组距 \div 2。$$

例 6.1　为研究气温的变化情况,北方某城市气象局对 2004 年 1～2 月份各天的气温进行了记录,结果如下:

表 6-1　　　　　　　　　　　　　　　　　　　　　　　　（单位:℃）

-3	2	-4	-7	-11	-1	6	8	9	-6
-14	-18	-15	-9	-6	-1	0	5	-4	-9
-6	-8	-12	-16	-19	-15	-22	-25	-24	-19
-8	-6	-15	-11	-12	-19	-25	-24	-18	-17
-14	-22	-13	-10	-6	0	-1	5	-4	-9
-3	2	-4	-4	-16	-1	7	3	-6	-5

(1) 指出上面的数据属于什么类型?

(2) 对上面的数据进行适当的分组,作一个直方图,说明该城市气温分布的特点。

解　(1) 属于数值型数据,确切地说,属于连续型数据;

(2) 频数分布表制作步骤如下:

第一步:确定组数。根据确定组数的公式有:$K = 1 + \dfrac{\ln n}{\ln 2} = 1 + \dfrac{\ln 60}{\ln 2} \approx 7$。

第二步:确定各组的组距。组距 $= \dfrac{9 + 25}{7} \approx 4.9$,为便于计算,组距可取 5。

第三步:根据分组整理成频数分布表,见表 6-2:

表 6-2　北方某城市 1～2 月份气温的频数分布

分组(℃)	天数(天)
-25～-20	6
-20～-15	8
-15～-10	10
-10～-5	13
-5～0	12
0～5	5
5～10	6
合计	60

根据分组数据绘制的直方图如下:

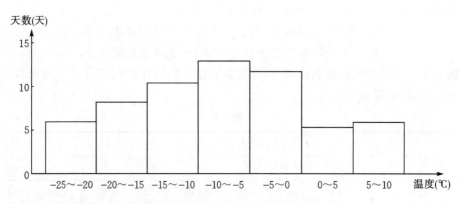

图 6-1　北方某城市 1 ～ 2 月份气温的直方图

6.1.3　统计量与样本矩

定义 6.5　设 $X_1, X_2, \cdots, X_n$ 为来自总体 X 的一组简单随机样本，$T(X_1, X_2, \cdots, X_n)$ 为一个实值函数，如果 T 中不包含任何未知参数，则称 $T(X_1, X_2, \cdots, X_n)$ 为一个**统计量**。统计量的分布称为**抽样分布**。

例如，总体 $X \sim N(\mu, \sigma^2)$，μ, σ^2 分别表示总体均值和方差，在此 μ, σ^2 为参数。若参数 μ 已知，σ^2 未知，$X_1, X_2, \cdots, X_n$ 为 X 的一个简单随机样本，则 $\sum\limits_{i=1}^{n} (X_i - \mu)^2$ 是统计量，但 $\dfrac{1}{\sigma} \sum\limits_{i=1}^{n} X_i$ 不是统计量。

注　尽管一个统计量不依赖于任何未知参数，但其分布却可能依赖于未知参数。例如，在上例中 $\overline{X} = \dfrac{1}{n} \sum\limits_{i=1}^{n} X_i$ 为统计量，而其分布服从 $N\left(\mu, \dfrac{\sigma^2}{n}\right)$，含有未知参数 σ^2。

参数是研究者想要了解的关于总体的某种特征值。我们关心的参数通常有总体平均数、总体方差、总体比例等。在本书中，用希腊字母 μ 表示总体平均数，σ^2 表示总体方差，p 表示总体比例。

在通常情况下，总体的某些特征值是我们所关心的，但它往往未知。比如，某一高校大学生一个月的平均生活费，平均每周的上网时间等一般并不清楚。再比如，某一地区的居民收入差异情况，一批产品的次品率等一般也是不清楚的。

在通常情况下，我们通过抽样的办法，由样本的信息来推断总体。统计量是根据样本数据计算出来的一个量，它是样本的函数。常用的统计量有样本平均数、样本标准差、样本比例等。在本书中，用 $\overline{X}$ 表示样本平均数，S_n^2 表示样本方差。

样本是已经抽取出来的，所以统计量总是可以知道的。抽样的目的就是用样本统计量去估计总体参数。例如，用样本平均数 $\overline{X}$ 去估计总体平均数 μ，用样本方差 S_n^2 去估计总体方差 σ^2。

定义 6.6　设 $X_1, X_2, \cdots, X_n$ 为来自总体 X 的样本。

样本平均值

$$\overline{X} = \frac{1}{n} \sum_{i=1}^{n} X_i;$$

样本方差

$$S^2 = \frac{1}{n-1} \sum_{i=1}^{n} (X_i - \overline{X})^2;$$

样本标准差

$$S = \sqrt{S^2};$$

样本的 r 阶原点矩

$$A_r = \frac{1}{n} \sum_{i=1}^{n} X_i^r, r = 1, 2, \cdots;$$

样本的 r 阶中心矩

$$B_r = \frac{1}{n} \sum_{i=1}^{n} (X_i - \overline{X})^r, r = 1, 2, \cdots,$$

它们的样本观测值用相应的小些字母表示。

样本的二阶中心距 B_2 也用 S_n^2 表示，即

$$S_n^2 = \frac{1}{n} \sum_{i=1}^{n} (X_i - \overline{X})^2,$$

即有

$$A_1 = \overline{X}, B_2 = S_n^2, S^2 = \frac{n}{n-1} S_n^2 。$$

特别地，若定义

$$X_i = \begin{cases} 1, & \text{样本中第 } i \text{ 个分量具有某种属性}, \\ 0, & \text{样本中第 } i \text{ 个分量不具有某种属性} \end{cases} (i = 1, 2, \cdots, n),$$

则 $\overline{X} = \frac{1}{n} \sum_{i=1}^{n} X_i$ 为样本中具有某种属性之比，称为**样本比例**或**样本成数**。

若记 $\overline{X^2} = A_2 = \frac{1}{n} \sum_{i=1}^{n} X_i^2$，则简单计算得

$$S_n^2 = \frac{1}{n} \left(\sum_{i=1}^{n} X_i^2 - n \overline{X}^2 \right) = \overline{X^2} - \overline{X}^2,$$

$$S^2 = \frac{1}{n-1} \left(\sum_{i=1}^{n} X_i^2 - n \overline{X}^2 \right) = \frac{n}{n-1} (\overline{X^2} - \overline{X}^2) 。$$

定义了 S_n^2，为什么还要引入 S^2 呢？其主要原因有两个：一是只有 S^2 才是总体方差 σ^2 的无偏估计（见第 7 章 7.2.1 节）；二是将分母取为 $n-1$ 会使得 S^2 大于实际的大小，其原因是好的科学家一般都是"保守"的。"保守"的含义是，如果我们不得不出错，那么即使出错也是由于过高估计了总体的方差，分母较小可让我们做到这一点。

例 6.2　某厂实行计件工资制，为及时了解情况，随机抽取 30 名工人，调查各自在一周内加工的零件数，然后按规定算出每名工人的周工资如下（单位：元）：

表 6-3

| 156 | 134 | 160 | 141 | 159 | 141 | 161 | 157 | 171 | 155 | 149 | 144 | 169 | 138 | 168 |
| 147 | 153 | 156 | 125 | 156 | 135 | 156 | 151 | 155 | 146 | 155 | 157 | 198 | 161 | 151 |

这是一个容量为 30 的样本观察值,其样本均值为

$$\overline{x} = \frac{1}{30}(156 + 134 + \cdots + 161 + 151) = 153.5,$$

它反映了该工厂工人周工资的一般水平。

进一步,我们计算样本方差 s^2 及样本标准差 s,由于

$$\sum_{i=1}^{30} x_i^2 = 156^2 + 134^2 + \cdots + 151^2 = 712155,$$

所以

$$s^2 = \frac{1}{30-1}\Big(\sum_{i=1}^{30} x_i^2 - 30\,\overline{x}^2\Big) = \frac{1}{30-1} \times 5287.5 = 182.3276,$$

$$s = \sqrt{182.3276} = 13.50。$$

用一个简单例子说明样本平均值和样本方差的分布及其数字特征。

设总体为 1,2,3 三个数值,在数理统计中,总体用随机变量表示,总体 X 的分布为

表 6-4

X	1	2	3
p_i	$\frac{1}{3}$	$\frac{1}{3}$	$\frac{1}{3}$

总体的期望、均值分别为

$$\mu = E(X) = 2, \sigma^2 = D(X) = \frac{2}{3},$$

从总体中有放回抽样两次,得到样本容量为 2 的简单随机样本 (X_1, X_2),X_1, X_2 相互独立且与总体 X 同分布,(X_1, X_2) 的联合分布为

表 6-5

X_2 \ X_1	1	2	3
1	$\frac{1}{9}$	$\frac{1}{9}$	$\frac{1}{9}$
2	$\frac{1}{9}$	$\frac{1}{9}$	$\frac{1}{9}$
3	$\frac{1}{9}$	$\frac{1}{9}$	$\frac{1}{9}$

样本平均值 $\overline{X} = \dfrac{X_1 + X_2}{2}$,$\overline{X}$ 的分布为

表 6-6

$\overline{X}$	1	$\frac{3}{2}$	2	$\frac{5}{2}$	3
p_i	$\frac{1}{9}$	$\frac{2}{9}$	$\frac{3}{9}$	$\frac{2}{9}$	$\frac{1}{9}$

样本平均值的期望和方差分别为

$$E(\overline{X}) = 2 = \mu, D(\overline{X}) = \frac{1}{3} = \frac{\sigma^2}{2},$$

样本方差

$$S^2 = (X_1 - \overline{X})^2 + (X_2 - \overline{X})^2,$$

(1) 当 (X_1, X_2) 取值 $(1,1),(2,2),(3,3)$ 时，S^2 取值 0，$P(S^2 = 0) = \dfrac{3}{9}$；

(2) 当 (X_1, X_2) 取值 $(1,2),(2,1),(2,3),(3,2)$ 时，S^2 取值 $\dfrac{1}{2}$，$P(S^2 = \dfrac{1}{2}) = \dfrac{4}{9}$；

(3) 当 (X_1, X_2) 取值 $(1,3),(3,1)$ 时，S^2 取值 2，$P(S^2 = 2) = \dfrac{2}{9}$，

故样本方差 S^2 的分布为

表 6-7

S^2	0	$\dfrac{1}{2}$	2
p_i	$\dfrac{3}{9}$	$\dfrac{4}{9}$	$\dfrac{2}{9}$

样本方差 S^2 的期望为

$$E(S^2) = \frac{2}{3} = \sigma^2。$$

定义 6.7　设 $X_1, X_2, \cdots, X_n$ 为总体 X 的一个简单随机样本，将其各分量 $X_i (i = 1, 2, \cdots, n)$ 按由小到大的次序重新排列为 $X_{(1)}, X_{(2)}, \cdots, X_{(n)}$，即 $X_{(1)} \leqslant X_{(2)} \leqslant \cdots \leqslant X_{(n)}$，称 $X_{(k)} (k = 1, 2, \cdots, n)$ 为总体的**第 k 个次序统计量**，特别称 $X_{(1)}$ 为**极小值次序统计量**，$X_{(n)}$ 为**极大值次序统计量**。称 $D_n^* = X_{(n)} - X_{(1)}$ 为样本的**极差**，表示总体数据变化的范围或幅度的大小。

次序统计量在统计学中有着特殊的应用地位，例如，为了解一批产品的平均寿命，为此从中抽取 n 个产品进行寿命试验（假定试验是破坏性的），那么第一个失效产品的失效时间即为 $X_{(1)}$，第二个失效产品的失效时间为 $X_{(2)}, \cdots$，最后一个失效产品的失效时间即为 $X_{(n)}$。

注　$X_{(1)}, X_{(2)}, \cdots, X_{(n)}$ 中的各分量不再互相独立，也不再与总体同分布。

定义 6.8　由给定的样本 $X_1, X_2, \cdots, X_n$，其次序统计量为 $X_{(1)} \leqslant X_{(2)} \leqslant \cdots \leqslant X_{(n)}$，对应的样本观察值为 $x_{(1)} \leqslant x_{(2)} \leqslant \cdots \leqslant x_{(n)}$，定义如下函数

$$F_n^*(x) = \begin{cases} 0, & x < x_{(1)}, \\ \dfrac{1}{n}, & x_{(1)} \leqslant x < x_{(2)}, \\ \cdots\cdots\cdots \\ \dfrac{k}{n}, & x_{(k)} \leqslant x < x_{(k+1)}, \\ \cdots\cdots\cdots \\ 1, & x \geqslant x_{(n)}。 \end{cases} \tag{6.1}$$

称 (6.1) 式为总体对应于样本 $X_1, X_2, \cdots, X_n$ 的**经验分布函数**,或记为 $F_n^*(x; X_1, X_2, \cdots, X_n)$。

注 $F_n^*(x)$ 中 x 的取值范围为"左闭右开",若分布函数定义为 $F(x) = P\{X < x\}$,则 $F_n^*(x)$ 中 x 的取值范围为"左开右闭"。

经验分布函数的性质:

(1)当样本固定时,作为 x 的函数是一个阶梯形的分布函数,$F_n^*(x)$ 恰为样本分量小于等于 x 的频率。

(2)当 x 固定时,它是一个统计量,其分布由总体的分布所确定,则

$$P\left\{F_n^*(x; X_1, X_2, \cdots, X_n) = \frac{k}{n}\right\} = P\{nF_n^*(x; X_1, X_2, \cdots, X_n) = k\}$$
$$= C_n^k F_X^k(x)[1 - F_X(x)]^{n-k}, k = 0, 1, \cdots, n,$$

即

$$nF_n^*(x; X_1, X_2, \cdots, X_n) \sim b(n, F_X(x))(二项分布)。$$

例 6.3   某射手独立重复地进行 20 次打靶试验,击中靶子的环数如表 6-8:

表 6-8   20 次打靶试验击中靶子的环数

环数	10	9	8	7	6	5	4
频数	2	3	0	9	4	0	2

用 X 表示此射手对靶射击一次所命中的环数,求 X 的经验分布函数,并画出其图像。

解   设 X 的经验分布函数为 $F_n^*(x)$(如图 6-2),则

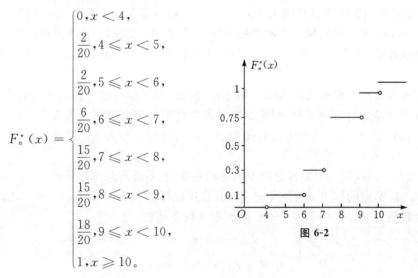

$$F_n^*(x) = \begin{cases} 0, & x < 4, \\ \dfrac{2}{20}, & 4 \leqslant x < 5, \\ \dfrac{2}{20}, & 5 \leqslant x < 6, \\ \dfrac{6}{20}, & 6 \leqslant x < 7, \\ \dfrac{15}{20}, & 7 \leqslant x < 8, \\ \dfrac{15}{20}, & 8 \leqslant x < 9, \\ \dfrac{18}{20}, & 9 \leqslant x < 10, \\ 1, & x \geqslant 10。 \end{cases}$$

图 6-2

6.2   三大抽样分布与抽样定理

抽样的目的是"由样本推断总体",了解和认识总体的数量特征。但由于抽样的随机性,使得通过样本推断总体时,总会存在随机抽样误差。现在要考虑的关键问题是,抽样误

差的规律性以及如何将抽样误差控制在我们所期望的范围之内。本节通过研究抽样分布来描述抽样误差的规律。

一般而言,即使总体分布的表达式很简单,但由于求统计量 $T(X_1, X_2, \cdots, X_n)$ 的分布时需要计算 n 重积分,这往往是非常困难的,或者即使能求出其分布,但表达式也异常复杂。

首先我们指出,之所以我们能够"由样本推断总体",是基于以下的格列汶科定理:

定理 6.1　(格列汶科(Glivenko)定理)对任意实数 x,当 $n \to \infty$ 时,有

$$P\{\lim_{n \to \infty} \max_{-\infty < x < +\infty} |F_n^*(x) - F(x)| = 0\} = 1。 \tag{6.2}$$

格列汶科定理说明:当 $n \to \infty$ 时,$F_n^*(x)$ 以概率 1 关于 x 均匀收敛于 $F(x)$;即当 n 足够大时,对于所有的 x 值,$F_n^*(x)$ 同 $F(x)$ 之差的绝对值都很小,这一事件的概率是 1;也即当 n 足够大时,经验分布函数 $F_n^*(x)$ 与理论分布函数(总体分布函数)$F(x)$ 相差最大处也会足够的小,也即当 n 很大时,$F_n^*(x)$ 是总体分布函数 $F(x)$ 的一个良好近似,数理统计中一切都以样本为依据,其理由就在于此。

6.2.1　三大抽样分布

在概率论部分我们已经知道,正态分布是我们在日常生活中应用最为广泛的概率分布。我们简单复述相关知识如下,若随机变量 X 服从正态分布 $N(\mu, \sigma^2)$,则其密度函数和分布函数分别为

$$f(x) = \frac{1}{\sqrt{2\pi}\sigma} e^{-\frac{(x-\mu)^2}{2\sigma^2}},$$

$$F(x) = \frac{1}{\sqrt{2\pi}\sigma} \int_{-\infty}^{x} e^{-\frac{(t-\mu)^2}{2\sigma^2}} dt,$$

其中 μ 是分布的数学期望,σ^2 是分布的方差,它们是正态分布的两个参数。

特别地,标准正态分布 $N(0,1)$ 的密度函数和分布函数分别为

$$\phi(x) = \frac{1}{\sqrt{2\pi}} e^{-\frac{x^2}{2}},$$

$$\Phi(x) = \frac{1}{\sqrt{2\pi}} \int_{-\infty}^{x} e^{-\frac{t^2}{2}} dt。$$

另外,给定 $\alpha(0 < \alpha < 1)$,定义 u_α,使 $\int_{u_\alpha}^{\infty} \phi(x)dx = \alpha$,称 u_α 为标准正态分布的**上侧 α 分位数**,其值可"倒查"标准正态分布的分布函数值表得到。如:$\alpha = 0.01, 0.025, 0.05, 0.95, 0.975, 0.99$ 时对应的 u_α 值分别为

$$2.326, 1.96, 1.645, -1.645, -1.96, -2.326。$$

如果总体的分布为正态分布,则称该总体为**正态总体**。

从上一节的讨论中我们知道,统计量是对样本进行加工后得到的量,它可以被用来对总体分布的参数作估计和检验。为此,我们需要求出统计量的分布 —— 抽样分布。遗憾的是,能够求出精确的抽样分布且表达简单的情形并不多见。但是,对于正态总体,我们可以

计算出一些重要统计量的精确抽样分布。

下面我们引进数理统计学中占有重要地位的三大抽样分布:χ^2-分布、t-分布和F-分布,为后续的正态总体参数的估计和检验问题提供理论依据。

1. χ^2-分布

定义 6.9　称随机变量 X 服从自由度为 n 的 χ^2-分布,如果它有密度函数

$$f(x) = \begin{cases} \dfrac{1}{2^{\frac{n}{2}} \Gamma\left(\dfrac{n}{2}\right)} x^{\frac{n}{2}-1} e^{-\frac{x}{2}}, & x > 0, \\ 0, & x \leqslant 0. \end{cases} \tag{6.3}$$

其中,$\Gamma\left(\dfrac{n}{2}\right) = \displaystyle\int_0^\infty x^{\frac{n}{2}-1} e^{-x} \mathrm{d}x, \Gamma\left(\dfrac{1}{2}\right) = \sqrt{\pi}$,并记作 $X \sim \chi^2(n)$。

χ^2-分布的密度曲线与自由度有关。图 6-3 是自由度分别为 $1,3,10$ 和 20 的 χ^2-分布密度曲线。从图上可以看出,当自由度很小时,χ^2-分布密度曲线向右伸展,随着自由度的增加,χ^2-分布密度曲线变得越来越对称,当自由度达到相当大时,χ^2-分布密度曲线接近正态分布。

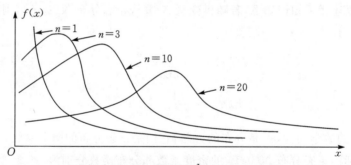

图 6-3　不同自由度的 χ^2-分布密度曲线

定理 6.2　设 $X_1, X_2, \cdots, X_n$ 相互独立,且都服从 $N(0,1)$,则 $X = \displaystyle\sum_{i=1}^n X_i^2 \sim \chi^2(n)$。

特别地,若 $X \sim N(0,1)$,则 $X^2 \sim \chi^2(1)$。

注　由于 $\chi^2(n)$ 是 n 个独立同分布于标准正态分布 $N(0,1)$ 的随机变量的平方和,每个变量 X_i 都可随意取值,可以说它有一个自由度,共有 n 个变量,故有 n 个自由度,这就是"自由度 n"这个名称的由来。

定义 6.10　$\chi^2(n)$ 的上侧 α 分位数记为 $\chi^2_\alpha(n)$,即

$$\int_{\chi^2_\alpha(n)}^\infty f(x)\mathrm{d}x = \alpha。$$

$\chi^2(n)$ 的性质:

(1) 若 $X \sim \chi^2(n)$,则 $E(X) = n, D(X) = 2n$;

(2) (χ^2-分布的可加性) 若 $X \sim \chi^2(n), Y \sim \chi^2(m)$,且 X 与 Y 独立,则

$$X + Y \sim \chi^2(n+m)。$$

注 ① 如果 $X_1, X_2, \cdots, X_n$ 相互独立且 $X_i \sim N(\mu_i, \sigma_i^2)$，则

$$\sum_{i=1}^{n} \left(\frac{X_i - \mu_i}{\sigma_i} \right)^2 \sim \chi^2(n);$$

② 当 $n > 45$ 时，附表中 $\chi_\alpha^2(n)$ 查不到，可利用标准正态分布表

$$\chi_\alpha^2(n) \approx n + \sqrt{2n} u_\alpha。$$

例如，若求 $\chi_{0.05}^2(120)$，则由 $\alpha = 0.05, u_\alpha = u_{0.05} = 1.645$，可得

$$\chi_{0.05}^2(120) \approx 120 + \sqrt{240} \times 1.645 = 145.5。$$

2. t- 分布

定义 6.11 称随机变量 X 服从自由度为 n 的 t- 分布，如果它有密度函数

$$f(x) = \frac{\Gamma\left(\dfrac{n+1}{2}\right)}{\sqrt{n\pi}\,\Gamma\left(\dfrac{n}{2}\right)} \left(1 + \frac{x^2}{n}\right)^{-\frac{n+1}{2}}, -\infty < x < +\infty, \qquad (6.4)$$

记为 $X \sim t(n)$。

定理 6.3 设 $X \sim N(0,1), Y \sim \chi^2(n)$，且 X 与 Y 相互独立，则

$$T = \frac{X}{\sqrt{Y/n}} \sim t(n)。$$

定义 6.12 $t(n)$ 的上侧 α 分位数记为 $t_\alpha(n)$，即

$$\int_{t_\alpha(n)}^{\infty} f(x)\mathrm{d}x = \alpha。$$

注 当自由度 $n \to \infty$ 时，$t(n)$ 的极限分布为标准正态分布，当 $n > 45$ 时，$t_\alpha(n) \approx u_\alpha$。

t- 分布的密度函数与标准正态分布一样也是对称的。一般地，t- 分布比标准正态分布相对平坦一些。对于不同的样本容量 n 都有一个相应的 t- 分布，随着样本容量 n 的增加，t- 分布的形状由平坦逐渐变得接近于标准正态分布。当样本容量大于 30 时，t- 分布就非常接近于标准正态分布，可以用标准正态分布来近似了。

不同大小的样本对应于不同的 t- 分布，这是因为 t- 分布与自由度有关。假如样本的大小是 n，在样本的均值 $\overline{X}$ 确定的条件下，对样本中的数据能够自由决定数值的个数就只有 $n-1$ 个了。实际上，当把 $n-1$ 个数值选定以后，第 n 个数据的值也就自动确定了。由此可见，大小为 n 的样本的自由度就是 $n-1$。图 6-4 是自由度 n 分别为 5 和 20 的 t- 分布曲线并与标准正态分布曲线比较。

注 t- 分布是统计中的一个重要分布，它与 $N(0,1)$ 的微小差别是戈塞特(Gosset WS)提出的。他是英国一家酿酒厂的化学技师，在长期从事实验和数据分析工作中，发现了 t- 分布，并在 1908 年以"Student"笔名发表此项结果，故后人又称 t- 分布为"学生分布"。

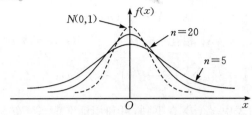

图 6-4　标准正态分布与 t - 分布曲线

3. F - 分布

定义 6.13　称随机变量 X 服从自由度为 m 与 n 的 F - 分布,如果它有密度函数

$$f(x) = \begin{cases} \dfrac{m^{\frac{m}{2}} n^{\frac{n}{2}}}{B\left(\dfrac{m}{2}, \dfrac{n}{2}\right)} x^{\frac{m}{2}-1} (n+mx)^{-\frac{m+n}{2}}, & x > 0, \\ 0, & x < 0, \end{cases} \tag{6.5}$$

记作 $X \sim F(m,n)$。

F - 分布与 t - 分布、χ^2 - 分布一样也有自由度。t - 分布与 χ^2 - 分布都仅有一个自由度,但 F - 分布有两个自由度,一个是分子的自由度 m,一个是分母的自由度 n。

图 6-5 是 F - 分布的密度曲线图,图中的曲线随自由度的取值不同而不同,F - 分布的密度曲线是一个单峰的偏态曲线,它的具体形状取决于 F 比值中分子和分母的自由度。一般地,F - 分布为右偏分布,随着分子、分母自由度的增加,分布愈来愈趋向于对称。

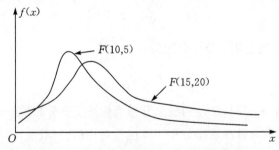

图 6-5　不同自由度的 F - 分布密度曲线

定理 6.4　设 $X \sim \chi^2(n)$,$Y \sim \chi^2(m)$,且 X 与 Y 相互独立,则

$$\frac{X/n}{Y/m} \sim F(n,m),$$

$$\frac{Y/m}{X/n} \sim F(m,n)。$$

注　若 $X \sim F(n,m)$,则 $\dfrac{1}{X} \sim F(m,n)$。

定义 6.14　$F(m,n)$ 的上侧 α 分位数记为 $F_\alpha(m,n)$,即

$$\int_{F_\alpha(m,n)}^{\infty} f(x)\,\mathrm{d}x = \alpha。$$

注　$F_{1-\alpha}(m,n) = \dfrac{1}{F_\alpha(n,m)}$,这也是 $F(m,n)$ 分布分位数表仅列出 $F_\alpha(n,m)$ 的原因,

求 $F_{1-a}(m,n)$ 需用该式换算。

6.2.2　正态总体下的抽样定理

抽样的目的是了解和认识总体的数量特征,但由于抽样的随机性,使得通过样本推断总体时,随机抽样误差是不可避免的。现在要考虑的关键问题是,抽样误差的规律性以及如何将抽样误差控制在我们所期望的范围之内,这就需要研究抽样分布。

下面我们研究样本均值 $\overline{X}$、样本方差 S_n^2 等一些常见的统计量的分布特征。

定理 6.5　(费歇尔定理)设 $X_1,X_2,\cdots,X_n$ 是来自正态总体 $N(\mu,\sigma^2)$ 的样本,则

(1) $\overline{X} \sim N\left(\mu,\dfrac{\sigma^2}{n}\right)$;

(2) $\dfrac{nS_n^2}{\sigma^2} = \dfrac{(n-1)S^2}{\sigma^2} \sim \chi^2(n-1)$;

(3) $\overline{X}$ 与 S^2(或 S_n^2)相互独立。

推论　设 $X_1,X_2,\cdots,X_n$ 为来自正态分布总体 $N(\mu,\sigma^2)$ 的一个简单随机样本,则

$$T = \frac{\overline{X}-\mu}{S_n/\sqrt{n-1}} = \frac{\overline{X}-\mu}{S/\sqrt{n}} \sim t(n-1)。$$

证　由 $\overline{X} \sim N\left(\mu,\dfrac{\sigma^2}{n}\right)$,标准化

$$\frac{\overline{X}-\mu}{\sigma/\sqrt{n}} \sim N(0,1),$$

又

$$\frac{(n-1)S^2}{\sigma^2} \sim \chi^2(n-1),$$

且 $\overline{X}$ 与 S^2 相互独立,进而 $\dfrac{\overline{X}-\mu}{\sigma/\sqrt{n}}$ 与 $\dfrac{(n-1)S^2}{\sigma^2}$ 独立,则

$$\frac{\overline{X}-\mu}{\sigma/\sqrt{n}} \Big/ \sqrt{\frac{(n-1)S^2}{\sigma^2(n-1)}} \sim t(n-1),$$

即

$$\frac{\overline{X}-\mu}{S/\sqrt{n}} \sim t(n-1)。$$

注　注意到 $\dfrac{\overline{X}-\mu}{\sigma/\sqrt{n}} \sim N(0,1)$,当 σ^2 未知时,可用 S^2 来代替,此时有 $\dfrac{\overline{X}-\mu}{S/\sqrt{n}} \sim t(n-1)$。

定理 6.6　设 $X_1,X_2,\cdots,X_{n_1}$ 与 $Y_1,Y_2,\cdots,Y_{n_2}$ 分别为取自 $N(\mu_1,\sigma_1^2)$,$N(\mu_2,\sigma_2^2)$ 的两个样本,且这两个样本独立,则

(1) $\dfrac{S_1^2\sigma_2^2}{S_2^2\sigma_1^2} \sim F(n_1-1,n_2-1)$;

(2) 若 $\sigma_1 = \sigma_2 = \sigma$,则

$$\sqrt{\frac{n_1 n_2(n_1+n_2-2)}{n_1+n_2}} \frac{(\overline{X}-\overline{Y})-(\mu_1-\mu_2)}{\sqrt{(n_1-1)S_1^2+(n_2-1)S_2^2}} \sim t(n_1+n_2-2),$$

其中

$$S_1^2 = \frac{1}{n_1 - 1} \sum_{i=1}^{n_1} (X_i - \overline{X})^2,$$

$$S_2^2 = \frac{1}{n_2 - 1} \sum_{i=1}^{n_2} (Y_i - \overline{Y})^2 。$$

证 (1) 由

$$\frac{(n_1 - 1)S_1^2}{\sigma_1^2} \sim \chi^2(n_1 - 1),$$

$$\frac{(n_2 - 1)S_2^2}{\sigma_2^2} \sim \chi^2(n_2 - 1),$$

且两者相互独立,则

$$\frac{\dfrac{(n_1 - 1)S_1^2}{\sigma_1^2} \Big/ (n_1 - 1)}{\dfrac{(n_2 - 1)S_2^2}{\sigma_2^2} \Big/ (n_2 - 1)} \sim F(n_1 - 1, n_2 - 1),$$

即

$$\frac{S_1^2 \sigma_2^2}{S_2^2 \sigma_1^2} \sim F(n_1 - 1, n_2 - 1) 。$$

(2) 由于 $\overline{X}$ 与 $\overline{Y}$ 独立,且

$$E(\overline{X} - \overline{Y}) = \mu_1 - \mu_2,$$

$$D(\overline{X} - \overline{Y}) = \frac{\sigma_1^2}{n_1} + \frac{\sigma_2^2}{n_2},$$

则

$$\overline{X} - \overline{Y} \sim N\left(\mu_1 - \mu_2, \frac{\sigma_1^2}{n_1} + \frac{\sigma_2^2}{n_2}\right),$$

标准化

$$\frac{(\overline{X} - \overline{Y}) - (\mu_1 - \mu_2)}{\sigma \sqrt{\dfrac{1}{n_1} + \dfrac{1}{n_2}}} \sim N(0, 1),$$

又

$$\frac{(n_1 - 1)S_1^2}{\sigma^2} \sim \chi^2(n_1 - 1),$$

$$\frac{(n_2 - 1)S_2^2}{\sigma^2} \sim \chi^2(n_2 - 1),$$

且两者相互独立,则

$$\frac{(n_1 - 1)S_1^2 + (n_2 - 1)S_2^2}{\sigma^2} \sim \chi^2(n_1 + n_2 - 2),$$

又 $\overline{X} - \mu_1$ 与 $\dfrac{(n_1 - 1)S_1^2}{\sigma^2}$ 独立, $\overline{Y} - \mu_2$ 与 $\dfrac{(n_2 - 1)S_2^2}{\sigma^2}$ 独立,且两个样本独立,故 $\overline{X} - \mu_1$ 与

$\dfrac{(n_2-1)S_2^2}{\sigma^2}$ 独立，$\overline{Y}-\mu_2$ 与 $\dfrac{(n_1-1)S_1^2}{\sigma^2}$ 独立，从而 $(\overline{X}-\mu_1)-(\overline{Y}-\mu_2)$ 与 $\dfrac{(n_1-1)S_1^2}{\sigma^2}$ 独立，

并与 $\dfrac{(n_2-1)S_2^2}{\sigma^2}$ 独立，进而与 $\dfrac{(n_1-1)S_1^2+(n_2-1)S_2^2}{\sigma^2}$ 独立，由此得

$$\dfrac{\dfrac{(\overline{X}-\overline{Y})-(\mu_1-\mu_2)}{\sigma\sqrt{\dfrac{1}{n_1}+\dfrac{1}{n_2}}}}{\sqrt{\dfrac{(n_1-1)S_1^2+(n_2-1)S_2^2}{\sigma^2(n_1+n_2-2)}}}\sim t(n_1+n_2-2),$$

即

$$\sqrt{\dfrac{n_1 n_2(n_1+n_2-2)}{n_1+n_2}}\ \dfrac{(\overline{X}-\overline{Y})-(\mu_1-\mu_2)}{\sqrt{(n_1-1)S_1^2+(n_2-1)S_2^2}}\sim t(n_1+n_2-2)。$$

例 6.4　设在总体 $N(\mu,\sigma^2)$ 中抽取一组容量为 n 的样本 $X_1,X_2,\cdots,X_n,\mu,\sigma^2$ 未知，
(1) 求 $E(S^2),D(S^2)$；(2) 当 $n=16$ 时，求 $P\left\{\dfrac{S^2}{\sigma^2}\leqslant 2.04\right\}$。

解　(1) 由于

$$\dfrac{(n-1)S^2}{\sigma^2}\sim\chi^2(n-1),\ E\left(\dfrac{(n-1)S^2}{\sigma^2}\right)=n-1,\ D\left(\dfrac{(n-1)S^2}{\sigma^2}\right)=2(n-1),$$

则

$$E(S^2)=E\left(\dfrac{\sigma^2}{n-1}\dfrac{(n-1)S^2}{\sigma^2}\right)=\dfrac{\sigma^2}{n-1}(n-1)=\sigma^2;$$

$$D(S^2)=E\left(\dfrac{\sigma^2}{n-1}\dfrac{(n-1)S^2}{\sigma^2}\right)=\dfrac{\sigma^4}{(n-1)^2}2(n-1)=\dfrac{2\sigma^4}{n-1}。$$

$$(2)P\left\{\dfrac{S^2}{\sigma^2}\leqslant 2.04\right\}=P\left\{\dfrac{15S^2}{\sigma^2}\leqslant 2.04\times 15\right\}=P\left\{\dfrac{15S^2}{\sigma^2}\leqslant 30.6\right\}$$

$$=1-P\left\{\dfrac{15S^2}{\sigma^2}>30.6\right\}=1-0.01=0.99。$$

例 6.5　设 $X_1,X_2,\cdots,X_9$ 是来自正态总体 X 的简单随机样本，且

$$Y_1=\dfrac{X_1+X_2+\cdots+X_6}{6},\ Y_2=\dfrac{X_7+X_8+X_9}{3},$$

$$S^2=\dfrac{1}{2}\sum_{i=7}^{9}(X_i-Y_2),\ Z=\dfrac{\sqrt{2}(Y_1-Y_2)}{S},$$

试证 $Z\sim t(2)$。

证　设总体 $X\sim N(\mu,\sigma)$，从而

$$Y_1=\dfrac{1}{6}\sum_{i=1}^{6}X_i\sim N\left(\mu,\dfrac{\sigma^2}{6}\right),\ Y_2=\dfrac{1}{3}\sum_{i=7}^{9}X_i\sim N\left(\mu,\dfrac{\sigma^2}{3}\right),$$

则

$$Y_1-Y_2\sim N\left(0,\dfrac{\sigma^2}{6}+\dfrac{\sigma^2}{3}\right),$$

即

$$Y_1 - Y_2 \sim N\left(0, \frac{\sigma^2}{2}\right),$$

标准化

$$\frac{Y_1 - Y_2}{\sigma/\sqrt{2}} = \frac{\sqrt{2}(Y_1 - Y_2)}{\sigma} \sim N(0,1),$$

又 $\frac{2S^2}{\sigma^2} \sim \chi^2(2)$，且 $Y_1 - Y_2$ 与 S^2 独立，所以

$$\frac{\sqrt{2}(Y_1 - Y_2)}{\sigma}\bigg/\sqrt{\frac{2S^2}{\sigma^2}\bigg/2} = \frac{\sqrt{2}(Y_1 - Y_2)}{S} \sim t(2),$$

即 $Z \sim t(2)$。

例 6.6　假设某大学 A 的 MBA 毕业生的初始收入服从均值为 62000 美元、标准差为 14500 美元的正态分布，某大学 B 的 MBA 毕业生的初始收入也服从正态分布，其均值为 60000 美元，标准差为 18300 美元。如果随机选取 50 名 A 大学的 MBA 毕业生作样本和 60 名 B 大学的 MBA 毕业生作样本，则 A 大学毕业生初始收入的样本均值超过 B 大学毕业生的概率是多少？

解　需要确定 $P\{\overline{X}_1 - \overline{X}_2 > 0\}$，可以知道 $\overline{X}_1 - \overline{X}_2$ 服从正态分布，并且均值为

$$\mu_1 - \mu_2 = 62000 - 60000 = 2000,$$

标准差为

$$\sqrt{\frac{\sigma_1^2}{n_1} + \frac{\sigma_2^2}{n_2}} = \sqrt{\frac{14500^2}{50} + \frac{18300^2}{60}} = 3128。$$

将变量标准化，有

$$P\{\overline{X}_1 - \overline{X}_2 > 0\} = P\left\{\frac{(\overline{X}_1 - \overline{X}_2) - (\mu_1 - \mu_2)}{\sqrt{\frac{\sigma_1^2}{n_1} + \frac{\sigma_2^2}{n_2}}} > \frac{0 - 2000}{3128}\right\}$$

$$= P\left\{\frac{(\overline{X}_1 - \overline{X}_2) - (\mu_1 - \mu_2)}{\sqrt{\frac{\sigma_1^2}{n_1} + \frac{\sigma_2^2}{n_2}}} > -0.64\right\}$$

$$= 1 - \Phi(-0.64) = \Phi(0.64) = 0.7389,$$

则对于 50 名 A 大学毕业生的样本和 60 名 B 大学毕业生的样本来说，A 大学毕业生初始收入的样本均值超过 B 大学毕业生样本均值的概率为 73.89%。注意，即使 A 大学毕业生的总体均值比 B 大学毕业生多 2000 美元，仍有 26.11% 的概率使 B 大学毕业生初始收入的样本均值大于 A 大学毕业生。

本章小结

在数理统计学中我们总是从所要研究的对象全体中进行观测或试验以取得部分数

据,这称为从总体中进行抽样,从抽取的样本观测值中提取有用的信息,构造出已知分布的统计量,对研究对象的客观规律做出种种合理的估计和推断。本章首先提出了数理统计的两个基本概念:总体和样本,然后基于样本提出统计量的概念,建立常用统计量的分布,为后续的课程内容做准备。

学习目的如下:

1. 要求学生理解数理统计的两个基本概念:总体和样本,以及与这两个基本概念相关的统计基本思想和样本分布。

2. 要求学生熟练掌握样本数据整理与显示的常用方法,掌握求经验分布函数的方法,会用直方图求频率分布。

3. 要求学生理解数理统计的基本概念、统计量;熟练掌握样本均值、样本方差、样本原点矩、样本中心矩等常用统计量的计算公式。

4. 掌握三大抽样分布 χ^2-分布、t-分布、F-分布的构造方法及其性质。

习题 6

1. 若总体 $X \sim N(\mu, \sigma^2)$,其中 σ^2 已知,但 μ 未知,而 $X_1, X_2, \cdots, X_n$ 为它的一个简单随机样本,试指出下列量中哪些是统计量,哪些不是统计量:

(1) $\dfrac{1}{n} \sum\limits_{i=1}^{n} X_i$;　　　　(2) $\dfrac{1}{n} \sum\limits_{i=1}^{n} (X_i - \mu)^2$;　　　　(3) $\dfrac{1}{n} \sum\limits_{i=1}^{n} (X_i - \overline{X})^2$;

(4) $\dfrac{\overline{X} - 3}{\sigma} \sqrt{n}$;　　　(5) $\dfrac{\overline{X} - \mu}{\sigma} \sqrt{n}$;　　　(6) $\dfrac{\overline{X} - 5}{\sqrt{\dfrac{1}{n(n-1)} \sum\limits_{i=1}^{n} (X_i - \overline{X})^2}}$。

2. 假定从某集团公司中反复抽取 30 名经理作为一个简单随机样本,每次都计算出一个样本均值 $\overline{X}$,直到获得 500 个由 30 名经理组成的样本为止,500 个 $\overline{X}$ 值的频数和相对频数分布列于下表:

表 6-9

平均年薪(美元)	频数	相对频数
49500.00 ～ 49999.99	2	0.004
50000.00 ～ 50499.99	16	0.032
50500.00 ～ 50999.99	52	0.104
51000.00 ～ 51499.99	101	0.202
51500.00 ～ 51999.99	133	0.266
52000.00 ～ 52499.99	110	0.220
52500.00 ～ 52999.99	54	0.108
53000.00 ～ 53499.99	26	0.052
53500.00 ～ 53999.99	6	0.012
合　　计	500	1.000

试画出 $\overline{X}$ 值相对频数直方图。

3. 设总体 X 的容量为 100 的样本观察值如下：

表 6-10

15	20	15	20	25	25	30	15	30	25
15	30	25	35	30	35	20	35	30	25
20	30	20	25	35	30	25	20	30	25
35	25	15	25	35	25	25	30	35	25
35	20	30	30	15	30	40	30	40	15
25	40	20	25	20	15	20	25	25	40
25	25	40	25	25	20	20	35	20	15
35	25	25	30	25	30	25	30	43	25
43	22	20	23	20	25	15	25	20	25
30	43	35	45	30	45	30	45	45	35

作总体 X 的直方图。

4. 设随机变量 $X \sim N(2,1)$，随机变量 Y_1, Y_2, Y_3, Y_4 均服从 $N(0,4)$，且 X，$Y_i(i=1,2,3,4)$ 都相互独立，令 $T = \dfrac{4(X-2)}{\sqrt{\sum\limits_{i=1}^{4} Y_i^2}}$，试求 T 的分布，并确定 t_0 的值，使 $P\{|T| > t_0\} = 0.01$。

5. 设总体 $X \sim N(0,1)$，$X_1, X_2, \cdots, X_5$ 是 X 的一个样本，求常数 C，使统计量 $\dfrac{C(X_1 + X_2)}{\sqrt{X_3^2 + X_4^2 + X_5^2}}$ 服从 t-分布。

6. 设 $X \sim N(\mu, \sigma^2)$，$X_1, X_2, \cdots, X_n$ 是取自总体的简单随机样本，$\overline{X}$ 为样本均值，问下列统计量：(1) $\dfrac{n S_n^2}{\sigma^2}$；　(2) $\dfrac{\overline{X} - \mu}{S_n / \sqrt{n-1}}$；　(3) $\dfrac{1}{\sigma^2} \sum\limits_{i=1}^{n} (X_i - \mu)^2$ 各服从什么分布？

7. 设 $X_1, X_2, \cdots, X_{15}$ 是总体 $N(0, \sigma^2)$ 的一个样本，求 $Y = \dfrac{X_1^2 + X_2^2 + \cdots + X_{10}^2}{2(X_{11}^2 + X_{12}^2 + \cdots + X_{15}^2)}$ 的分布。

8. 由附表查下列各值：$\chi_{0.05}^2(20)$，$\chi_{0.95}^2(20)$，$t_{0.01}(10)$，$F_{0.05}(12,15)$，$F_{0.95}(15,12)$，$U_{0.1}$。

9. 设 $X_1, \cdots, X_n, X_{n+1}, \cdots, X_{n+m}$ 是服从分布 $N(0, \sigma^2)$ 的容量为 $n+m$ 的样本，试求下列统计量的分布：

(1) $Y_1 = \dfrac{\sqrt{m} \sum\limits_{i=1}^{n} X_i}{\sqrt{n} \sqrt{\sum\limits_{i=n+1}^{n+m} X_i^2}}$；　(2) $Y_2 = \dfrac{m \sum\limits_{i=1}^{n} X_i^2}{n \sum\limits_{i=n+1}^{n+m} X_i^2}$。

10. 设总体 $X \sim N(\mu, 4)$，$X_1, X_2, \cdots, X_n$ 是取自总体的简单随机样本，$\overline{X}$ 为样本均值。问样本容量 n 取多大时有：

　(1) $E(|\overline{X} - \mu|^2) \leqslant 0.1$；

　(2) $P\{|\overline{X} - \mu| \leqslant 0.1\} \geqslant 0.95$。

11. 设总体 $X \sim N(\mu, \sigma^2)$，抽取容量为 20 的样本 $X_1, X_2, \cdots, X_{20}$，求：

　(1) $P\left\{10.9 \leqslant \dfrac{1}{\sigma^2} \displaystyle\sum_{i=1}^{20} (X_i - \mu)^2 \leqslant 37.6\right\}$；

　(2) $P\left\{11.7 \leqslant \dfrac{1}{\sigma^2} \displaystyle\sum_{i=1}^{20} (X_i - \overline{X})^2 \leqslant 38.6\right\}$。

12. 设总体 X 与 Y 相互独立，且都服从正态总体分布 $N(30, 3^2)$，$X_1, X_2, \cdots, X_{20}$ 和 $Y_1, Y_2, \cdots, Y_{25}$ 都是分别来自 X 和 Y 的样本，求 $|\overline{X} - \overline{Y}| > 0.4$ 的概率。

第 7 章

参数估计

由样本提供的信息对总体的分布和分布的特征进行统计推断是统计推断的基本问题。如果总体的分布类型已知,而其参数未知,由样本统计量对总体的未知参数做出推断,这就是参数估计。参数估计主要包括参数的点估计和区间估计。

7.1 点估计

假设总体包含未知参数 θ,$X_1,X_2,\cdots,X_n$ 是从该总体抽取的一个样本,依据合理的原理构造统计量 $T = T(X_1,\cdots,X_n)$,以此作为参数 θ 的估计,那么这个统计量 $T = T(X_1,\cdots,X_n)$ 就是 θ 的一个**估计量**或**点估计量**,常常用 $\hat{\theta}$ 表示 θ 的点估计;若 $x_1,x_2,\cdots,x_n$ 是样本 X_1, $X_2,\cdots,X_n$ 的一组观测值,代入估计量公式,计算出 $t = T(x_1,\cdots,x_n)$ 就是 θ 的一个**点估计值**,即用 $t = T(x_1,\cdots,x_n)$ 这一具体数值近似(代替)未知参数 θ 的真实值,这也是点估计名称的由来。

如果总体分布依赖的参数有 k 个,即参数向量 $\boldsymbol{\theta} = (\theta_1,\cdots,\theta_k)$,$f(x;\boldsymbol{\theta}) = f(x;\theta_1,\cdots,\theta_k)$,则需要构造 k 个统计量 $u_1 = u_1(X_1,\cdots,X_n),\cdots,u_k = u_k(X_1,\cdots,X_n)$ 分别作为 $\theta_1,\cdots,\theta_k$ 的点估计量。

在构造统计量时,利用不同的原理和思想可以得到不同的统计量,常用的有**矩估计**和**极大似然估计**。另外,在统计模型中最小二乘估计也很常见,我们将在第 9 章回归分析中介绍。

7.1.1 矩估计法

矩估计法是英国统计学家皮尔逊(K. Pearson)提出的。其基本思想是:总体分布所含的参数一般都是总体矩的函数,如二项分布 $X \sim B(n,p)$ 中的参数 p 是总体随机变量 X 的一阶原点矩(即数学期望)的 n 分之一,即 $p = E(X)/n$(因为 $E(X) = np$),正态分布 $N(\mu,\sigma^2)$ 中的参数 μ 和 σ^2 分别是该分布的一阶原点矩和二阶中心矩。由于样本来源于总体,样本矩在一定程度上反映了总体矩,又由大数定律知道样本矩依概率收敛到总体矩,因此就用样本矩来估计相应的总体矩,从而得到总体分布的参数的估计,这种估计方法称为**矩估计**。

只要总体的 k 阶矩存在,就可以用矩估计来估计总体参数。矩估计法简单、直观,而且不必知道总体的分布类型,所以矩估计法得到了较多的应用,但目前它的应用不如极大似然估计广泛。矩估计法也有自身的局限性,如它要求总体的 k 阶原点矩存在,否则无法应用。它不考虑总体分布类型,这既有有利的一面,也有不利的一面,如果研究者并不清楚所研究现象的分布,应用矩估计可以得到比较可靠的结果,但是如果总体的分布类型已知,由于它没有充分利用总体分布函数提供的信息,所以得到的结果并不比极大似然估计来得准确。

设总体 X 的概率函数 $f(x;\theta_1,\cdots,\theta_s)$ 已知,其中 $(\theta_1,\cdots,\theta_s)\in\Theta$ 是 s 个未知参数。$X_1,\cdots,X_n$ 是取自总体 X 的一个样本,假设 X 的 k 阶矩 EX^k 存在,且是 $\theta_1,\cdots,\theta_s$ 的函数 $h_k(\theta_1,\cdots,\theta_s)$,样本的 k 阶矩为 $\overline{X^k}=\frac{1}{n}\sum_{i=1}^n X_i^k$,令

$$h_k(\theta_1,\cdots,\theta_s)=EX^k=\overline{X^k},k=1,\cdots,s, \tag{7.1}$$

解这 s 个方程所组成的方程组就可以得到 $\theta_1,\cdots,\theta_s$ 的一组解 $\hat\theta_k=\hat\theta_k(X_1,\cdots,X_n),k=1,\cdots,s$,这就是 $\theta_1,\cdots,\theta_s$ 的矩估计。下面通过几个简单的例子说明这一过程。

例 7.1　设样本 $X_1,\cdots,X_n$ 取自均匀分布总体 $U(0,\theta)$,即

$$f(x,\theta)=\begin{cases}\dfrac{1}{\theta}, & 0<x<\theta,\\ 0, & 其他,\end{cases}$$

试求 θ 的矩估计量。

解　因为

$$E(X)=\int_{-\infty}^{+\infty}xf(x,\theta)\mathrm{d}x=\frac{1}{\theta}\int_0^\theta x\mathrm{d}x=\frac{\theta}{2},$$

由矩估计法,列方程:$\dfrac{\hat\theta}{2}=E(X)=\overline{X}$,解得 θ 的矩估计量为 $\hat\theta=2\overline{X}$。

例 7.2　设总体 X 服从正态分布 $N(\mu,\sigma^2)$,求总体参数 μ 和 σ^2 的矩估计。

解　先计算总体的一阶原点矩 EX 和二阶原点矩 EX^2,可得

$$EX=\int_{-\infty}^{+\infty}x\cdot\frac{1}{\sqrt{2\pi}}\mathrm{e}^{-\frac{(x-\mu)^2}{2\sigma^2}}\mathrm{d}x=\mu,$$

$$EX^2=\int_{-\infty}^{+\infty}x^2\cdot\frac{1}{\sqrt{2\pi}}\mathrm{e}^{-\frac{(x-\mu)^2}{2\sigma^2}}\mathrm{d}x=\sigma^2+\mu^2,$$

根据矩估计原理有

$$\mu=\overline{X},\ \sigma^2+\mu^2=\frac{1}{n}\sum_{i=1}^n X_i^2,$$

解得总体参数 μ 和 σ^2 的矩估计为

$$\hat\mu=\overline{X},\ \hat\sigma^2=\frac{1}{n}\sum_{i=1}^n(X_i-\overline{X})^2=S_n^2。$$

注　也可直接由总体的一阶原点矩 EX 和二阶中心矩 DX 根据矩估计原理列出方程组,令总体的期望等于样本均值,总体的方差等于样本方差:$EX=\mu=\overline{X},DX=\sigma^2=S_n^2$,同样解得总体参数 μ 和 σ^2 的矩估计为 $\hat\mu=\overline{X},\hat\sigma^2=S_n^2$。

例 7.3 设总体 X 的分布密度为

$$f(x,\lambda) = \begin{cases} \lambda e^{-\lambda x}, & x > 0, \\ 0, & x \leqslant 0. \end{cases}$$

现从总体中随机抽取 10 个个体 $X_1,\cdots,X_{10}$，经过测试得到样本的观测值如下：1050，1100，1080，1120，1200，1250，1040，1130，1300，1200，试用矩估计法求参数 λ 的估计值。

解 因为

$$E(X) = \int_{-\infty}^{+\infty} x f(x,\lambda)\mathrm{d}x = \int_0^{+\infty} \lambda x e^{-\lambda x}\,\mathrm{d}x = \frac{1}{\lambda},$$

由矩估计法列方程：$\frac{1}{\lambda} = \overline{X}$，解得 $\hat{\lambda} = \frac{1}{\overline{X}}$，代入样本观测值得 $\overline{x} = \frac{1}{10}\sum_{i=1}^{10} x_i = 1147$，即 λ 的矩估计值为 $\hat{\lambda} = \frac{1}{1147}$。

7.1.2 极大似然估计法

极大似然估计法是求总体分布参数估计的另一常用方法，最早是由高斯(C. F. Gauss) 提出，费歇尔(R. A. Fisher) 在其 1912 年的文章中重新提出，并证明了该方法的一些重要性质，给出了现在所用的这个名字。极大似然估计建立在极大似然原理的基础上，目前它的应用比矩估计要广泛得多。

极大似然原理的基本思想是：设总体分布的函数形式已知，但有未知参数 θ，$\theta \in \Theta$ 可以取很多值，在一次抽样中，获得了样本 $X_1,\cdots,X_n$ 的一组观测值 $x_1,\cdots,x_n$，则认为 θ 的真实值应是 θ 的全部可能取值中使这组样本观测值出现的概率最大的那个值，以此作为 θ 的估计，记作 $\hat{\theta}_{ML}$，称为 θ 的**极大似然估计**，这种求估计的方法称为**极大似然估计法**。

设 $X_1,\cdots,X_n$ 是来自具有概率函数 $f(x;\theta)(\theta \in \Theta)$ 的总体 X 的一个样本，样本 $X_1,\cdots,X_n$ 的联合概率函数为

$$f(x_1;\theta)f(x_2;\theta)\cdots f(x_n;\theta) = \prod_{i=1}^n f(x_i;\theta)。$$

在一次抽样中，样本 $X_1,\cdots,X_n$ 的一组观测值为 $x_1,\cdots,x_n$，它们是已知的数值，此时上述函数就只是关于未知参数 θ 的函数了，称其为样本的**似然函数**，记作

$$L(\theta) = f(x_1;\theta)f(x_2;\theta)\cdots f(x_n;\theta) = \prod_{i=1}^n f(x_i;\theta)。 \tag{7.2}$$

似然函数实际上就是样本的联合概率函数，只是我们把其中的 θ 看作未知量，而把 $x_1,\cdots,x_n$ 看作已知数而已。根据极大似然原理，θ 的极大似然估计应是 θ 的全部可能取值中使样本观察值出现概率最大的那个值，就是要寻找使得似然函数 $L(\theta)$ 达到最大的那个 θ 值，即 $L(\hat{\theta};x_1,\cdots,x_n) = \max_{\theta \in \Theta} L(\theta;x_1,\cdots,x_n)$，满足上式的 $\hat{\theta}(x_1,\cdots,x_n)$ 就是最有可能使得 $x_1,\cdots,x_n$ 出现的 θ 的值。$\hat{\theta}(x_1,\cdots,x_n)$ 称为参数 θ 的**极大似然估计值**，相应的统计量 $\hat{\theta}(X_1,\cdots,X_n)$ 称作它的**极大似然估计量**。下面离散型总体的例子很好地阐明了极大似然估计的思想。

例 7.4　某种产品的质量 X 服从两点分布 $b(1,p)$，这里 $p(0<p<1)$ 是产品质量的合格率。以"$X=1$"表示产品质量合格，"$X=0$"表示产品的质量不合格。现从总体中抽取了一个样本 $X_1,\cdots,X_n$，试求产品质量合格率 p 的极大似然估计。

解　X_i 的概率函数是
$$P\{X_i=x_i\}=f(x_i;p)=p^{x_i}(1-p)^{1-x_i},\ x_i=0,1,$$
则样本的似然函数为
$$L(p)=P\{X_1=x_1,\cdots,X_n=x_n\}=\prod_{i=1}^{n}f(x_i,p)$$
$$=p^{x_1}(1-p)^{1-x_1}\cdots p^{x_n}(1-p)^{1-x_n}=p^{\sum_{i=1}^{n}x_i}(1-p)^{n-\sum_{i=1}^{n}x_i}。$$

为了求使得 $L(p)$ 达到最大值的 p 的值，注意到对数函数 $g(x)=\ln(x)$ 是 x 的单调递增函数，只需求使得 $\ln(L(p))$ 的极大值点即得 p 的极大似然估计，所以
$$\ln(L(p))=\sum_{i=1}^{n}x_i\ln p+\left(n-\sum_{i=1}^{n}x_i\right)\ln(1-p),$$
两边对 p 求导数，并令其等于 0，得
$$\frac{d\ln(L(p))}{dp}=\frac{\sum_{i=1}^{n}x_i}{p}-\frac{\left(n-\sum_{i=1}^{n}x_i\right)}{1-p}=0,$$
解得 $\hat{p}=\frac{1}{n}\sum_{i=1}^{n}x_i=\bar{x}$，容易判断它使得 $L(p)$ 达到最大，所以 p 的极大似然估计值为 $\hat{p}_{ML}=\bar{x}$，相应的统计量 $\hat{p}_{ML}=\frac{1}{n}\sum_{i=1}^{n}X_i=\overline{X}$ 就是 p 的极大似然估计量。

例 7.5　设总体 X 服从 $[0,\theta]$ 上的均匀分布，θ 未知，设 $X_1,\cdots,X_n$ 为总体 X 的样本，求参数 θ 的极大似然估计 $\hat{\theta}_{ML}$。

解　设 $x_1,\cdots,x_n$ 为样本的一组观测值，从而似然函数
$$L(x_1,x_2,\cdots,x_n;\theta)=\begin{cases}\dfrac{1}{\theta^n},&0\leqslant x_i\leqslant\theta\ (i=1,2,\cdots,n),\\0,&\text{其他。}\end{cases}$$
要使 $L(x_1,x_2,\cdots,x_n;\theta)$ 达到最大，应使 $L(x_1,x_2,\cdots,x_n;\theta)>0$ 并且 $0\leqslant x_i\leqslant\theta(i=1,2,\cdots,n)$，又当 $\theta=x_{(n)}$ 时，$\dfrac{1}{\theta^n}$ 达到最大，因此 θ 的极大似然估计值为 $\hat{\theta}_{ML}=x_{(n)}$，于是 θ 的极大似然估计量为 $\hat{\theta}_{ML}=X_{(n)}$。

如果总体分布含有多个未知参数 $\theta_1,\cdots,\theta_s$，则只需将上述过程中似然函数或对数似然函数对 θ 求导改为对 $\theta_1,\cdots,\theta_s$ 分别求偏导，并令其等于 0，得到 s 个方程，解这个方程组即可。

例 7.6　设总体 X 服从正态分布 $N(\mu,\sigma^2)$，求总体参数 μ 和 σ^2 的极大似然估计。

解　设 $x_1,\cdots,x_n$ 为样本的一组观测值，从而似然函数
$$L(x_1,\cdots,x_n;\mu,\sigma^2)=\prod_{i=1}^{n}\frac{1}{\sqrt{2\pi}\sigma}e^{-\frac{(x_i-\mu)^2}{2\sigma^2}}=(2\pi\sigma^2)^{-\frac{n}{2}}\exp\left\{-\frac{1}{2\sigma^2}\sum_{i=1}^{n}(x_i-\mu)^2\right\},$$

两边取对数并对参数 μ 和 σ^2 求偏导,令其为 0,得方程组

$$\begin{cases} \dfrac{\partial \ln L(\mu,\sigma^2)}{\partial \mu} = \dfrac{1}{\sigma^2} \sum_{i=1}^{n} (x_i - \mu) = 0, \\[2mm] \dfrac{\partial \ln L(\mu,\sigma^2)}{\partial \sigma^2} = -\dfrac{n}{2\sigma^2} + \dfrac{1}{2\sigma^4} \sum_{i=1}^{n} (x_i - \mu)^2 = 0. \end{cases}$$

解得

$$\hat{\mu} = \overline{x}, \quad \hat{\sigma}^2 = \frac{1}{n} \sum_{i=1}^{n} (x_i - \overline{x})^2,$$

于是总体参数 μ 和 σ^2 的极大似然估计量为

$$\hat{\mu}_{ML} = \overline{X}, \quad \hat{\sigma}^2_{ML} = \frac{1}{n} \sum_{i=1}^{n} (X_i - \overline{X})^2 = S_n^2,$$

结果显示正态总体参数 μ 和 σ^2 的极大似然估计与矩估计相同。

7.2   点估计量的评价标准

总体参数的估计量往往会有多个,我们总希望选择“较好”的估计量来对未知参数做出推断,如何判断一个估计量“好”还是“不好”呢?“好”的标准是什么?一般来说有三个基本标准,满足这些标准的估计量通常被认为是“好”的估计量。

7.2.1   无偏性

设 $\hat{\theta}$ 是总体参数 θ 的一个估计量,无偏性的直观意义是说用 $\hat{\theta}$ 作为 θ 的估计没有系统性误差,只有随机性误差,即估计 $\hat{\theta}$ 只是在 θ 的两边随机地波动。在一次抽样中,无从知道 $\hat{\theta}$ 和 θ 之间的偏差有多大,但如果大量抽样,由这些样本计算得到的 $\hat{\theta}$ 值的平均值等于总体参数,即在平均意义上,$\hat{\theta}$ 集中在 θ,这是估计量所应具有的一种良好性质,称为估计的**无偏性**。这一准则在任意样本容量的情况下评价估计量都适用,下面给出它的严格定义。

定义 7.1   设 $\hat{\theta} = \hat{\theta}(X_1,\cdots,X_n)$ 是总体 X 的概率函数 $f(x;\theta)(\theta \in \Theta)$ 的未知参数 θ 的一个估计量,若对所有的 $\theta \in \Theta$,都有

$$E[\hat{\theta}(X_1,\cdots,X_n)] = \theta,$$

则称 $\hat{\theta}(X_1,\cdots,X_n)$ 是 θ 的**无偏估计量**,否则就称为是**有偏估计量**。

例如,总体均值 $\mu = EX$ 的矩估计是 $\hat{\mu} = \overline{X}$,即 $E(\hat{\mu}) = E(\overline{X}) = \mu$。一般地,$k$ 阶样本原点矩 $\overline{X^k}$ 是总体 k 阶原点矩 $E(X^k)$ 的无偏估计量。

有没有有偏估计量呢?根据矩估计理论知,样本中心二阶矩 $S_n^2 = \dfrac{1}{n} \sum_{i=1}^{n} (X_i - \overline{X})^2$ 是总体方差 $\sigma^2 = DX$ 的矩估计,但是它并不是总体方差的无偏估计量,这是因为由第 6 章定理 6.5 之(2)知

$$E\left(\frac{1}{n-1} \sum_{i=1}^{n} (X_i - \overline{X})^2\right) = \sigma^2,$$

所以

$$E(S_n^2) = E\left(\frac{1}{n}\sum_{i=1}^{n}(X_i - \overline{X})^2\right) = \frac{n-1}{n}\sigma^2,$$

由此可知,样本方差 $S^2 = \dfrac{1}{n-1}\sum_{i=1}^{n}(X_i - \overline{X})^2$ 是总体方差的无偏估计量。

7.2.2　一致性

当样本容量 n 充分大时,参数的估计量与总体参数的真实值的差的绝对值小于任意正数 ε 的概率趋于 1,即随着 n 的无限增大,参数的估计量与未知的总体参数接近的可能性非常大。这种性质的准确表述为:

定义 7.2　若对任意的 $\varepsilon > 0$,都有 $\lim\limits_{n \to +\infty} P\{|\hat{\theta}_n - \theta| < \varepsilon\} = 1$ 成立,则称 $\hat{\theta}_n$ 为 θ 的**一致估计量**,也称为**相合估计**。

对于同一个待估参数 θ 可以构造许多估计量,但并不是每一个估计量都具有上述性质,根据大数定律可知:对于任意给定的正数 ε,有

$$\lim_{n \to +\infty} P\{|\overline{X} - \mu| < \varepsilon\} = 1,$$

上式表明,当样本容量比较大时,样本均值是总体均值的一致估计量;同理,样本方差也是总体方差的一致估计量。

7.2.3　有效性

同一个总体参数,往往会有多个估计量。同一个总体参数,如果有两个无偏估计(用不同的估计方法得到),则方差小的那个无偏估计更有效。

定义 7.3　假设 $\hat{\theta}_1$ 和 $\hat{\theta}_2$ 是总体参数 θ 的两个无偏估计量,如果 $D(\hat{\theta}_1) \leqslant D(\hat{\theta}_2)$,则称 $\hat{\theta}_1$ 比 $\hat{\theta}_2$ **更有效**;如果一个无偏估计量 $\hat{\theta}_1$ 在所有无偏估计量中标准差最小,即 $D(\hat{\theta}_1) \leqslant D(\hat{\theta})$,则称 $\hat{\theta}_1$ 是 θ 的**有效估计量**,这里 $\hat{\theta}$ 为任意一个无偏估计量。

显然,如果某总体参数具有两个不同的无偏估计量,希望确定哪一个是更有效的估计量,自然应该选择标准差小的那个。估计量的标准差愈小,根据它推断出接近于总体参数估计的值的机会愈大。可以证明:样本平均数推断总体平均数均能满足优良估计的三条标准。值得注意的是,在无偏估计族中才谈估计的有效性,有偏估计不涉及这一性质。

7.3　区间估计

估计量是随机变量,估计值是具体数值,估计量常用于理论研究,估计值多用于实际应用和计算。估计值 $\hat{\theta}$ 虽然给人一个明确的数量概念,但还是不够的,因为它只是参数 θ 的一种近似值,而点估计本身既没有反映这种近似的精确度,又没有体现误差范围以及在该误差范围内的可能性(即概率)。解决点估计的这一问题的一种方法是区间估计。

7.3.1　总体参数的区间估计的概念和基本思想

假设 $f(x;\theta)$ 是总体 X 的概率函数,这里 θ 是总体 X 的未知参数(本书中仅仅考虑 θ 是

一维的情况），$X_1, \cdots, X_n$ 是来自该总体的一个样本，$x_1, \cdots, x_n$ 是样本的一组观测值。利用前面介绍的点估计方法可以得到未知参数 θ 的一个具体的估计值 $\hat{\theta}$，现在考虑 $\hat{\theta}$ 与未知的 θ 的靠近程度，以及相应的可靠程度（用概率表示）。如果对于事先给定的 α（通常 α 是大于 0 小于 1 之间的一个较小的数，如 0.05, 0.01 等），存在两个统计量 $\theta_L(X_1, \cdots, X_n)$ 和 $\theta_U(X_1, \cdots, X_n)$ 使得

$$P\{\theta_L(X_1, \cdots, X_n) < \theta < \theta_U(X_1, \cdots, X_n)\} = 1 - \alpha, \tag{7.3}$$

则称 (θ_L, θ_U) 为参数 θ 的**置信度为 $1-\alpha$ 的置信区间**，这类置信区间也称为**双侧置信区间**，θ_L 和 θ_U 分别称为置信水平 $1-\alpha$ 的**置信下限**和**置信上限**；$1-\alpha$ 称为**置信水平**或**置信系数**。

由上述定义知道，对于样本，置信区间 (θ_L, θ_U) 是一个随机区间，它的两个端点都是不依赖未知参数 θ 的随机变量，该随机区间可能包含参数 θ，也可能不包含参数 θ。定义中式 (7.3) 表示随机区间 (θ_L, θ_U) 包含未知参数 θ 的概率为 $1-\alpha$；它的另一直观含义是在大量多次抽样下，由于每次抽到的样本一般不会完全相同，用同样的方法构造置信水平为 $1-\alpha$ 的置信区间，将得到许多不同区间 $(\theta_L(x_1, \cdots, x_n), \theta_U(x_1, \cdots, x_n))$，这些区间中大约有 $100(1-\alpha)\%$ 的区间包含未知参数 θ 的真值，大约有 $100\alpha\%$ 的区间不包含参数 θ 的真值。但是在实际问题中，往往只有一个具体的样本，即样本的一次观测值，根据这个实际样本数据做区间估计，代入置信区间公式得到一个具体的、固定的区间 $(\theta_L(x_1, \cdots, x_n), \theta_U(x_1, \cdots, x_n))$，比如 $(495, 506)$，不再是随机区间，其两个端点是两个具体的数，这个区间要么包含参数 θ 的真值，要么不包含 θ 的真值，根本不存在这个具体区间"可能包含 θ 的真值""可能不包含 θ 的真值"问题，因此不能说"某具体区间 $(\theta_L(x_1, \cdots, x_n), \theta_U(x_1, \cdots, x_n))$ 包含参数 θ 的概率是 $1-\alpha$"；但这个具体区间到底包含还是不包含参数 θ，我们无法知道；然而根据大数定律，我们宁愿相信这个区间是包含未知参数 θ 的那 $100(1-\alpha)\%$ 区间中的一个。所以区间 $(\theta_L(x_1, \cdots, x_n), \theta_U(x_1, \cdots, x_n))$ 属于包含未知参数的区间类的置信度（水平）是 $1-\alpha$，之所以用置信度主要是突出它与概率概念的不同，以上是频率学派的观点。在现代贝叶斯学派的研究者看来，既然参数 θ 是未知的，当然也可以看作随机变量，说"参数 θ 落入某具体区间 $(\theta_L(x_1, \cdots, x_n), \theta_U(x_1, \cdots, x_n))$ 的概率是 $1-\alpha$"或"某具体区间 $(\theta_L(x_1, \cdots, x_n), \theta_U(x_1, \cdots, x_n))$ 包含参数 θ 的概率是 $1-\alpha$"也是有意义的，但频率学派不认同这种说法。

置信区间越小，说明估计的精度越高，即我们对未知参数的了解越多、越具体，置信水平越大，估计可靠性就越大。一般说来，在样本容量一定的前提下，精度与置信度往往是相互矛盾的；若置信水平增大，则置信区间必然增大，降低了精度；若精度提高，则区间缩小，置信水平必然减小。要同时提高估计的置信水平和精度，就要增加样本容量。

置信区间的构造或区间估计和第 8 章的假设检验关系密切，两者有着对偶的关系，只要有一种假设检验就可以根据该假设检验构造相应的置信区间，反之亦然；另外置信区间的构建往往要借助于未知参数点估计或其函数的抽样分布来进行。

构造位置参数 θ 的置信区间的一般步骤：

1. 寻找样本 $X_1, \cdots, X_n$ 的一个函数 $u(X_1, \cdots, X_n; \theta)$，通常称为**枢轴量**，它只含待估的未知参数 θ，不含其他任何未知参数，并且 $u(X_1, \cdots, X_n; \theta)$ 的分布要已知但不含任何未知参数（当然也不包含待估参数 θ），在很多情况下，$u(X_1, \cdots, X_n; \theta)$ 可以从 θ 的点估计经过变换获得；

2. 对给定的置信水平 $1 - \alpha$，由 $u(X_1, \cdots, X_n; \theta)$ 的抽样分布确定分位点。由于枢轴量 $u(X_1, \cdots, X_n; \theta)$ 的分布已知（多数情况下都是常见分布）且不含任何未知参数，因此它的分位点可以计算出来（通过查表或利用统计分析软件）；

3. 通过不等式变形，即可求出未知参数 θ 的置信水平为 $1 - \alpha$ 的置信区间。

上述过程中，比较困难的是第一步，如何选择满足条件的枢轴量，并且确定出其分布。下面先就一维未知参数介绍常见的置信区间。

7.3.2　单个正态总体均值与方差的置信区间

我们将分两种情况按照上面的步骤介绍正态总体均值的置信区间，一是总体方差已知，二是总体方差未知。

1. 正态总体方差 σ^2 已知

设样本 $X_1, \cdots, X_n$ 来自正态总体 $N(\mu, \sigma^2)$，这里 σ^2 已知，总体均值 μ 未知，如何求总体均值 μ 的置信水平为 $1 - \alpha$ 的置信区间？

注意到 $\overline{X}$ 是均值 μ 的点估计，由此构造枢轴量 $U = \dfrac{\overline{X} - \mu}{\sigma / \sqrt{n}}$，它是样本和未知参数 μ 的函数，除了包含未知参数 μ 以外，不再含任何其他未知变量，更重要的是，由上一章的知识可知此枢轴量服从标准正态分布 $N(0, 1)$，这个分布不含有任何未知参数，只要给定概率 $1 - \alpha$（置信水平）很容易就可以通过查标准正态分布表或用软件计算出其分位点 $u_{\frac{\alpha}{2}}$，使得 $P\{|U| < u_{\frac{\alpha}{2}}\} = 1 - \alpha$，即

$$P\left\{\left|\frac{\overline{X} - \mu}{\sigma / \sqrt{n}}\right| < u_{\frac{\alpha}{2}}\right\} = 1 - \alpha,$$

通过变形得

$$P\left\{\overline{X} - u_{\frac{\alpha}{2}} \frac{\sigma}{\sqrt{n}} < \mu < \overline{X} + u_{\frac{\alpha}{2}} \frac{\sigma}{\sqrt{n}}\right\} = 1 - \alpha。 \tag{7.4}$$

把上式与 (7.3) 式比较可知，$\left(\overline{X} - u_{\frac{\alpha}{2}} \dfrac{\sigma}{\sqrt{n}}, \overline{X} + u_{\frac{\alpha}{2}} \dfrac{\sigma}{\sqrt{n}}\right)$ 就是总体均值 μ 的置信水平为 $1 - \alpha$ 的（双侧）置信区间。如果 $1 - \alpha = 0.95$，则 $u_{\frac{\alpha}{2}} = u_{0.025} = 1.96$，若 $1 - \alpha = 0.99$，则 $u_{\frac{\alpha}{2}} = u_{0.005} = 2.576$（如图 7-1）。一旦一个样本被抽取，得到了样本观测值，那么对于该样本观测值，总体均值 μ 的置信水平为 $1 - \alpha$ 的（双侧）置信区间为 $\left(\overline{x} - u_{\frac{\alpha}{2}} \dfrac{\sigma}{\sqrt{n}}, \overline{x} + u_{\frac{\alpha}{2}} \dfrac{\sigma}{\sqrt{n}}\right)$，它就是

一个已知的具体的区间了(如图 7-2)。

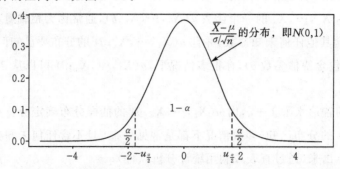

图 7-1　总体均值的置信区间的 $\frac{\alpha}{2}$ 分位数(临界值), σ^2 已知

图 7-2　总体均值的双侧置信区间示意图

例 7.7　某灯具生产厂家生产一种 60W 的灯泡,假设其寿命为随机变量 X,服从正态分布 $N(\mu,1296)$。现在从该厂生产的 60W 的灯泡中随机地抽取了 27 个产品进行测试,直到灯泡烧坏,测得它们的平均寿命为 1478 小时。请计算该厂 60W 灯泡的平均寿命的置信水平为 95% 的置信区间。

解　问题实际上就是求总体均值(60W 灯泡的平均寿命)的置信区间,由已知条件可得,总体方差 $\sigma^2 = 1296$,样本容量为 $n = 27$,样本均值 $\bar{x} = 1478$。因为置信水平为 $1-\alpha = 0.95$,所以查标准正态分布表可得

$$u_{\frac{\alpha}{2}} = u_{0.025} = 1.96,$$

$$\bar{x} - u_{\frac{\alpha}{2}} \frac{\sigma}{\sqrt{n}} = 1478 - 1.96 \times \sqrt{\frac{1296}{27}} = 1478 - 13.58 = 1464.42,$$

$$\bar{x} + u_{\frac{\alpha}{2}} \frac{\sigma}{\sqrt{n}} = 1478 + 1.96 \times \sqrt{\frac{1296}{27}} = 1478 + 13.58 = 1491.58,$$

因此该厂 60W 灯泡的平均寿命的置信水平为 95% 的置信区间为

$$\left(\bar{x} - u_{\frac{\alpha}{2}} \frac{\sigma}{\sqrt{n}}, \bar{x} + u_{\frac{\alpha}{2}} \frac{\sigma}{\sqrt{n}} \right) = (1464.42, 1491.58)。$$

2. 正态总体方差 σ^2 未知

在实际中,经常会遇到总体的方差 σ^2 未知的情况,前面构造的枢轴量 $U = \dfrac{\bar{X} - \mu}{\sigma/\sqrt{n}}$ 就无法再用来求置信区间了,主要是因为它除了包含待估参数 μ 以外,还含有未知变量 σ^2,在获得样本观测值后,无法计算出置信区间。此时考虑用样本方差 $S^2 = \dfrac{1}{n-1} \sum\limits_{i=1}^{n} (X_i - \bar{X})^2$

来代替 σ^2，即采用枢轴量 $t = \dfrac{\overline{X} - \mu}{S / \sqrt{n}}$，而样本方差可以通过样本计算出来，需要注意的是此

时枢轴量的分布发生了变化。由第 6 章定理 6.5 的推论可知枢轴量 $t = \dfrac{\overline{X} - \mu}{S / \sqrt{n}}$ 服从自由度

为 $n-1$ 的 t-分布 $t(n-1)$，这个分布不含有任何未知参数，且这一结论对任意的 n 都成

立，也就是说不论样本容量 n 是大还是小，枢轴量 $t = \dfrac{\overline{X} - \mu}{S / \sqrt{n}}$ 的精确分布都是 $t(n-1)$ 分

布。查自由度为 $n-1$ 的 t-分布表可得满足下式的 $t_{\frac{\alpha}{2}}(n-1)$，即

$$P\{|t| < t_{\frac{\alpha}{2}}(n-1)\} = P\left\{\left|\frac{\overline{X} - \mu}{S / \sqrt{n}}\right| < t_{\frac{\alpha}{2}}(n-1)\right\} = 1 - \alpha,$$

上式经整理变形可得

$$P\left\{\overline{X} - t_{\frac{\alpha}{2}}(n-1) \times \frac{S}{\sqrt{n}} < \mu < \overline{X} + t_{\frac{\alpha}{2}}(n-1) \times \frac{S}{\sqrt{n}}\right\} = 1 - \alpha, \tag{7.5}$$

正态总体方差 σ^2 未知时总体均值 μ 的置信水平为 $1 - \alpha$ 的（双侧）置信区间为

$$\left(\overline{X} - t_{\frac{\alpha}{2}}(n-1) \times \frac{S}{\sqrt{n}}, \overline{X} + t_{\frac{\alpha}{2}}(n-1) \times \frac{S}{\sqrt{n}}\right), \tag{7.6}$$

抽取一个样本，得到其观测值后，即可得到总体均值 μ 的置信水平为 $1 - \alpha$ 的（双侧）置信

区间的观测值为

$$\left(\overline{x} - t_{\frac{\alpha}{2}}(n-1) \times \frac{s}{\sqrt{n}}, \overline{x} + t_{\frac{\alpha}{2}}(n-1) \times \frac{s}{\sqrt{n}}\right),$$

下面来看一个关于饮料问题的例子。

例 7.8　可口可乐公司生产的雪碧，瓶上标明净容量是 500mL，在市场上随机抽取了
25 瓶，测得其平均容量为 499.5mL，标准差为 2.63mL，试求该公司生产的这种瓶装饮料
的平均容量的置信水平为 99% 的置信区间（假定饮料的容量服从正态分布 $N(\mu, \sigma^2)$）。

解　以 μ 表示瓶装饮料的平均容量，由已知可得，样本容量为 $n = 25$，样本均值 $\overline{x} =$
499.5，样本标准差为 $s = 2.63$，因为置信水平 $1 - \alpha = 0.99$，查自由度为 $n - 1 = 24$ 的 t-分
布表得分位数

$$t_{\frac{\alpha}{2}}(n-1) = t_{0.005}(24) = 2.797,$$

所以

$$\overline{x} - t_{\frac{\alpha}{2}}(n-1) \times \frac{s}{\sqrt{n}} = 499.5 - 2.797 \times \frac{2.63}{\sqrt{25}} = 499.5 - 1.4712 \approx 498.03,$$

$$\overline{x} + t_{\frac{\alpha}{2}}(n-1) \times \frac{s}{\sqrt{n}} = 499.5 + 1.4712 \approx 500.97,$$

因此该公司生产的这种瓶装饮料的平均容量的置信水平为 99% 的置信区间为
(498.03, 500.97)。由于该区间包含了 500，故该公司的这种瓶装饮料的容量符合其包装
上的标准，不存在容量不足欺骗消费者的行为。

不论样本容量 n 是大还是小，只要总体为正态分布，总体方差未知，总体均值 μ 的置

信水平为 $1-\alpha$ 的（双侧）置信区间都可以用(7.6)式进行计算。但是由于在自由度较大时（比如大于或等于30或50），t-分布和标准正态分布极为接近（如图6-4），所以也可以用标准正态分布的分位数 $u_{\frac{\alpha}{2}}$ 来近似 t-分布的分位数 $t_{\frac{\alpha}{2}}(n-1)$。实际上，也可以证明当样本容量 n 充分大时，枢轴量 $t=\dfrac{\overline{X}-\mu}{S/\sqrt{n}}$ 近似服从标准正态分布，这也可以解释当 n 较大时，用标准正态分布的分位数 $u_{\frac{\alpha}{2}}$ 来近似 t-分布的分位数 $t_{\frac{\alpha}{2}}(n-1)$ 的合理性。

3. 单正态总体方差的区间估计

设 $X_1,\cdots,X_n$ 是来自正态总体 $N(\mu,\sigma^2)$ 的一个随机样本，这里 σ^2 未知。当总体均值 μ 已知时，可以取

$$\chi^2 = \frac{\sum\limits_{i=1}^{n}(X_i-\mu)^2}{\sigma^2}$$

为枢轴量，它的精确分布是自由度为 n 的卡方分布 $\chi^2(n)$，由 $P\left\{\chi^2_{1-\frac{\alpha}{2}}(n)<\chi^2<\chi^2_{\frac{\alpha}{2}}(n)\right\}=1-\alpha$，即

$$P\left\{\chi^2_{1-\frac{\alpha}{2}}(n)<\frac{\sum\limits_{i=1}^{n}(X_i-\mu)^2}{\sigma^2}<\chi^2_{\frac{\alpha}{2}}(n)\right\}=1-\alpha,$$

得

$$P\left\{\frac{\sum\limits_{i=1}^{n}(X_i-\mu)^2}{\chi^2_{\frac{\alpha}{2}}(n)}<\sigma^2<\frac{\sum\limits_{i=1}^{n}(X_i-\mu)^2}{\chi^2_{1-\frac{\alpha}{2}}(n)}\right\}=1-\alpha,$$

所以单正态总体方差 σ^2 的置信水平为 $1-\alpha$ 的（双侧）置信区间为

$$\left(\frac{\sum\limits_{i=1}^{n}(X_i-\mu)^2}{\chi^2_{\frac{\alpha}{2}}(n)},\frac{\sum\limits_{i=1}^{n}(X_i-\mu)^2}{\chi^2_{1-\frac{\alpha}{2}}(n)}\right), \tag{7.7}$$

这里 $\chi^2_{\frac{\alpha}{2}}(n)$ 和 $\chi^2_{1-\frac{\alpha}{2}}(n)$ 可通过查自由度为 n 的卡方分布表得到。

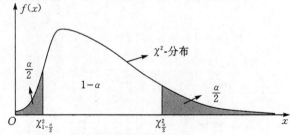

图 7-3　总体方差的置信区间的 $\dfrac{\alpha}{2}$ 分位数（临界值）

总体均值 μ 已知的情形并不多见，更常见的是总体均值 μ 也未知。在 μ 未知时，则取

$$\chi^2 = \frac{\sum\limits_{i=1}^{n}(X_i-\overline{X})^2}{\sigma^2}=\frac{(n-1)S^2}{\sigma^2}$$

为枢轴量,它服从 $\chi^2(n-1)$。类似于上面的推导,可以得到单正态总体方差 σ^2 的置信水平为 $1-\alpha$ 的(双侧)置信区间为

$$\left(\frac{(n-1)S^2}{\chi_{\frac{\alpha}{2}}^2(n-1)}, \frac{(n-1)S^2}{\chi_{1-\frac{\alpha}{2}}^2(n-1)}\right). \tag{7.8}$$

例 7.9 令随机变量 X 表示春季捕捉到的某种鱼的体长,单位是 cm,假定这种鱼的体长服从正态分布 $N(\mu,\sigma^2)$,现在随机抽取了 13 条鱼,测量它们的体长分别为

13.1 5.1 18.0 8.7 16.5 9.8 6.8 12.0 17.8 25.4 19.2 15.8 23.0

求总体方差 σ^2 和总体标准差 σ 的置信水平为 95% 的(双侧)置信区间。

解 由于总体均值也未知,所以要用(7.8)式计算置信区间。由题意知 $n=13$,计算得样本均值 $\overline{x}=14.7077$,样本方差

$$S^2 = \frac{1}{n-1}\sum_{i=1}^{n}(x_i-\overline{x})^2 = 37.7508,$$

因为 $1-\alpha=0.95$,所以 $\frac{\alpha}{2}=0.025$,$1-\frac{\alpha}{2}=0.975$,查自由度为 12 的卡方分布表得

$$\chi_{\frac{\alpha}{2}}^2(n-1)=\chi_{0.025}^2(12)=23.3367,$$
$$\chi_{1-\frac{\alpha}{2}}^2(n-1)=\chi_{0.975}^2(12)=4.4038,$$

由

$$\frac{(n-1)S^2}{\chi_{\frac{\alpha}{2}}^2(n-1)} < \sigma^2 < \frac{(n-1)S^2}{\chi_{1-\frac{\alpha}{2}}^2(n-1)},$$

即

$$\frac{12\times 37.7508}{23.3367} < \sigma^2 < \frac{12\times 37.7508}{4.4038},$$

也就是 $19.4119 < \sigma^2 < 102.8681$,所以总体方差 σ^2 的置信水平为 95% 的(双侧)置信区间为 $(19.41, 102.87)$,总体标准差 σ 置信水平为 95% 的(双侧)置信区间为

$$(\sqrt{19.4119}, \sqrt{102.8681}) = (4.41, 10.14).$$

7.3.3 两个正态总体均值之差与方差之比的置信区间

1. 两正态总体均值之差的区间估计

在比较两个正态总体均值是否相等(或是否等于某个常数 d)时,一般要对这两个正态总体均值之差做区间估计。设 $X_1,\cdots,X_n$ 和 $Y_1,\cdots,Y_m$ 分别是从正态总体 $N(\mu_1,\sigma_1^2)$ 和 $N(\mu_2,\sigma_2^2)$ 抽取的两个样本,且相互独立,设 $\overline{X}$ 和 $\overline{Y}$ 分别表示 X 和 Y 样本的样本均值,容易证明 $\overline{X}-\overline{Y}$ 是 $\mu_1-\mu_2$ 的无偏估计。下面我们分三种情况讨论两个正态总体均值之差 $\mu_1-\mu_2$ 的置信区间问题。

(1) 两个正态总体的方差 σ_1^2 和 σ_2^2 已知

构造枢轴量

$$U = \frac{\overline{X}-\overline{Y}-(\mu_1-\mu_2)}{\sqrt{\frac{\sigma_1^2}{n}+\frac{\sigma_2^2}{m}}},$$

显然它服从标准正态分布 $N(0,1)$,由

$$P\left\{\left|\frac{\overline{X}-\overline{Y}-(\mu_1-\mu_2)}{\sqrt{\dfrac{\sigma_1^2}{n}+\dfrac{\sigma_2^2}{m}}}\right|<\mu_{\frac{\alpha}{2}}\right\}=1-\alpha$$

得

$$P\left\{\overline{X}-\overline{Y}-\mu_{\frac{\alpha}{2}}\sqrt{\frac{\sigma_1^2}{n}+\frac{\sigma_2^2}{m}}<\mu_1-\mu_2<\overline{X}-\overline{Y}+\mu_{\frac{\alpha}{2}}\sqrt{\frac{\sigma_1^2}{n}+\frac{\sigma_2^2}{m}}\right\}=1-\alpha,$$

从而得到两个正态总体均值之差 $\mu_1-\mu_2$ 的置信水平为 $1-\alpha$ 的(双侧)置信区间为

$$\left(\overline{X}-\overline{Y}-\mu_{\frac{\alpha}{2}}\sqrt{\frac{\sigma_1^2}{n}+\frac{\sigma_2^2}{m}},\overline{X}-\overline{Y}+\mu_{\frac{\alpha}{2}}\sqrt{\frac{\sigma_1^2}{n}+\frac{\sigma_2^2}{m}}\right),\qquad(7.9)$$

式中的 $\mu_{\frac{\alpha}{2}}$ 可以通过查标准正态分布表或用软件计算出。

例 7.10　设两个正态总体 $N(\mu_1,6^2)$ 和 $N(\mu_2,4^2)$ 相互独立,现在分别从它们中抽取了容量为 $n=15$ 和 $m=8$ 的样本,测得其样本均值分别为 $\overline{x}=70.1,\overline{y}=75.3$。求两总体均值之差 $\mu_1-\mu_2$ 的置信水平为 90% 的置信区间。

解　注意到两个总体的方差都已知,故用(7.9)式求置信区间。因为 $1-\alpha=0.90$,所以 $1-\frac{\alpha}{2}=0.95$,查标准正态分布表得 $\mu_{\frac{\alpha}{2}}=\mu_{0.05}=1.65$,因此

$$\mu_{\frac{\alpha}{2}}\sqrt{\frac{\sigma_1^2}{n}+\frac{\sigma_2^2}{m}}=1.65\times\sqrt{\frac{6^2}{15}+\frac{4^2}{8}}=3.4611,$$

$$\overline{x}-\overline{y}-\mu_{\frac{\alpha}{2}}\sqrt{\frac{\sigma_1^2}{n}+\frac{\sigma_2^2}{m}}=70.1-75.3-3.4611=-8.66,$$

$$\overline{x}-\overline{y}+\mu_{\frac{\alpha}{2}}\sqrt{\frac{\sigma_1^2}{n}+\frac{\sigma_2^2}{m}}=70.1-75.3+3.4611=-1.74,$$

所以两总体均值之差 $\mu_1-\mu_2$ 的置信水平为 90% 的置信区间是 $(-8.66,-1.74)$。由于该置信区间没有包含 0,所以我们认为第二个总体的均值 μ_2 要大于第一个总体的均值 μ_1。

(2) 两个正态总体的方差 σ_1^2 和 σ_2^2 未知,但 $\sigma_1^2=\sigma_2^2=\sigma^2$

由于 σ_1^2 和 σ_2^2 未知,而样本方差 $S_1^2=\dfrac{1}{n-1}\sum_{i=1}^{n}(X_i-\overline{X})^2$ 和 $S_2^2=\dfrac{1}{m-1}\sum_{i=1}^{m}(Y_i-\overline{Y})^2$ 分别是 σ_1^2 和 σ_2^2 的无偏估计,所以考虑构造枢轴量

$$t=\frac{\overline{X}-\overline{Y}-(\mu_1-\mu_2)}{S_w\sqrt{\dfrac{1}{n}+\dfrac{1}{m}}},$$

这里

$$S_w=\sqrt{\frac{(n-1)S_1^2+(m-1)S_2^2}{n+m-2}}。$$

由第 6 章定理 6.6 可得

$$t=\frac{\overline{X}-\overline{Y}-(\mu_1-\mu_2)}{S_w\sqrt{\dfrac{1}{n}+\dfrac{1}{m}}}$$

服从 $t(n+m-2)$ 分布,类似于上面的推导可知,当两个正态总体的方差 σ_1^2 和 σ_2^2 未知,但 $\sigma_1^2 = \sigma_2^2 = \sigma^2$ 时两个正态总体均值之差 $\mu_1 - \mu_2$ 的置信水平为 $1-\alpha$ 的(双侧)置信区间为

$$\left(\overline{X} - \overline{Y} - t_{\frac{\alpha}{2}}(n+m-2) \cdot S_w \sqrt{\frac{1}{n}+\frac{1}{m}}, \overline{X} - \overline{Y} + t_{\frac{\alpha}{2}}(n+m-2) \cdot S_w \sqrt{\frac{1}{n}+\frac{1}{m}} \right).$$

$$(7.10)$$

例 7.11 SAT(Scholastic Assessment Test)是美国高中生进入美国大学必须参加的考试,其重要性相当于我国的高考,分为三个部分:数学、阅读和写作,每部分满分都是 800 分,总分满分为 2400。假设 SAT 考生的数学分数 X 服从正态分布 $N(\mu_1, \sigma^2)$,阅读分数 Y 服从正态分布 $N(\mu_2, \sigma^2)$,现在分别随机地抽取 5 个考生的数学成绩和 8 个考生的阅读成绩如下:

$$\text{数学} \quad 644 \quad 493 \quad 532 \quad 462 \quad 565$$
$$\text{阅读} \quad 623 \quad 472 \quad 492 \quad 661 \quad 540 \quad 502 \quad 549 \quad 518$$

求 $\mu_1 - \mu_2$ 的 90% 的置信区间。

解 因两个正态总体方差未知且相等,故用(7.10)式求置信区间。

计算所需的量如下:

$$n=5, m=8, \overline{x}=539.2, \overline{y}=544.625, s_1^2=4948.7, s_2^2=4327.9821,$$

$$s_w = \sqrt{\frac{(n-1)s_1^2 + (m-1)s_2^2}{n+m-2}} = \sqrt{\frac{4 \times 4948.7 + 7 \times 4327.9821}{5+8-2}}$$
$$= 67.4811,$$

$$t_{0.05}(11) = 1.7959,$$

所以

$$\overline{x} - \overline{y} = -5.425,$$

$$t_{\frac{\alpha}{2}}(n+m-2) \cdot s_w \sqrt{\frac{1}{n}+\frac{1}{m}} = 1.7959 \times 67.4811 \times \sqrt{\frac{1}{5}+\frac{1}{8}} = 69.0879,$$

$$\overline{x} - \overline{y} - t_{\frac{\alpha}{2}}(n+m-2) \cdot s_w \sqrt{\frac{1}{n}+\frac{1}{m}} = -74.51,$$

$$\overline{x} - \overline{y} + t_{\frac{\alpha}{2}}(n+m-2) \cdot s_w \sqrt{\frac{1}{n}+\frac{1}{m}} = 63.66,$$

所以 $\mu_1 - \mu_2$ 的 90% 的置信区间是 $(-74.51, 63.66)$。

2. 两正态总体方差之比的区间估计

在比较两正态总体方差时,要构造两正态总体方差之比的置信区间。设 $X_1, \cdots, X_n$ 和 $Y_1, \cdots, Y_m$ 分别是从正态总体 $N(\mu_1, \sigma_1^2)$ 和 $N(\mu_2, \sigma_2^2)$ 抽取的两个样本,且相互独立,设 $\overline{X}$ 和 $\overline{Y}$ 分别表示 X 和 Y 样本的样本均值,$S_1^2 = \frac{1}{n-1}\sum_{i=1}^{n}(X_i - \overline{X})^2$ 和 $S_2^2 = \frac{1}{m-1}\sum_{i=1}^{m}(Y_i - \overline{Y})^2$ 分别表示 X 和 Y 样本的样本方差。和单个正态总体一样,也要分两个总体均值已知和未知两种情况讨论两正态总体方差之比 $\frac{\sigma_1^2}{\sigma_2^2}$ 的置信区间,由于实际中,总体均值 μ_1 和 μ_2 往往未知,所以我们也只给出此时的置信区间。

在 μ_1 和 μ_2 未知时,则取 $F = \dfrac{S_2^2/\sigma_2^2}{S_1^2/\sigma_1^2}$ 为枢轴量,它服从 $F(m-1, n-1)$,由

$$P\left\{ F_{1-\frac{\alpha}{2}}(m-1, n-1) < \frac{S_2^2/\sigma_2^2}{S_1^2/\sigma_1^2} < F_{\frac{\alpha}{2}}(m-1, n-1) \right\} = 1 - \alpha$$

可以得到两正态总体方差之比 $\dfrac{\sigma_1^2}{\sigma_2^2}$ 的置信水平为 $1-\alpha$ 的(双侧)置信区间为

$$\left(F_{1-\frac{\alpha}{2}}(m-1, n-1)\frac{S_1^2}{S_2^2}, F_{\frac{\alpha}{2}}(m-1, n-1)\frac{S_1^2}{S_2^2} \right)。 \tag{7.11}$$

由于一般的 F- 分布表只给出 $F_{\frac{\alpha}{2}}(\bullet)$,而不给出 $F_{1-\frac{\alpha}{2}}(\bullet)$,并由关系式

$$F_{1-\frac{\alpha}{2}}(m-1, n-1) = \frac{1}{F_{\frac{\alpha}{2}}(n-1, m-1)}$$

进行查表计算,不过现在也可以不利用这一关系而用软件直接计算。因此两正态总体方差之比 $\dfrac{\sigma_1^2}{\sigma_2^2}$ 的置信水平为 $1-\alpha$ 的(双侧)置信区间可化为

$$\left(\frac{1}{F_{\frac{\alpha}{2}}(n-1, m-1)} \cdot \frac{S_1^2}{S_2^2}, F_{\frac{\alpha}{2}}(m-1, n-1)\frac{S_1^2}{S_2^2} \right)。 \tag{7.12}$$

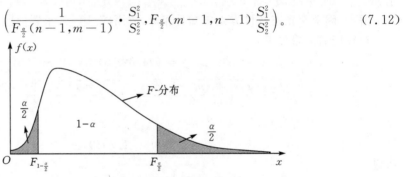

图 7-4   总体方差之比的置信区间的 $\dfrac{\alpha}{2}$ 分位数(临界值)

例 7.12   某粮食作物的种子,分为窄叶和宽叶两类,假定这两种种子的成熟期为随机变量 X 和 Y,分别服从正态分布 $N(\mu_1, \sigma_1^2)$ 和 $N(\mu_2, \sigma_2^2)$。现从这两类种子中随机抽取了 13 粒窄叶的种子,种植后,测得其平均成熟期为 18.97 天,样本方差为 10.7;抽取了 9 粒宽叶种子,种植后,测得其平均成熟期为 23.20 天,样本方差为 4.59。试求 $\dfrac{\sigma_1^2}{\sigma_2^2}$ 的置信水平为 98% 的置信区间。

解   由题意知

$n = 13, m = 9, \bar{x} = 18.97, \bar{y} = 23.20, s_1^2 = 10.70, s_2^2 = 4.59, 1-\alpha = 0.98$,

故

$$\frac{\alpha}{2} = 0.01, 1 - \frac{\alpha}{2} = 0.99,$$

所以可得

$$F_{\frac{\alpha}{2}}(m-1, n-1) = F_{0.01}(8, 12) = 4.4994,$$

$$F_{1-\frac{\alpha}{2}}(m-1, n-1) = \frac{1}{F_{\frac{\alpha}{2}}(n-1, m-1)} = \frac{1}{F_{0.01}(12, 8)} = \frac{1}{5.6667} = 0.1765,$$

所以由(7.11)式知

$$0.1765 \times \frac{10.70}{4.59} < \frac{\sigma_1^2}{\sigma_2^2} < 4.4994 \times \frac{10.70}{4.59},$$

即 $\frac{\sigma_1^2}{\sigma_2^2}$ 的置信水平为 98% 的置信区间为 $(0.41, 10.49)$。

　　尽管上面构造了正态总体方差和方差之比的置信区间,但我们还要指出的是,由于这些置信区间一般都比较宽,所以它们一般都没有太大的用处,而且这些置信区间也都不稳健。实际研究中,研究者往往根本不知道总体的分布类型是什么,有时即使知道分布类型,但也不是正态分布,如果不顾总体的分布,而武断使用上述置信区间,那结果将是非常不可靠的。造成不稳健的原因主要在于,当总体分布不是正态分布时, $\frac{(n-1)S^2}{\sigma^2}$ 的分布严重偏离 $\chi^2(n-1)$ 分布。为什么在总体均值检验那里,非正态总体时,可以用大样本置信区间,而且结果比较稳健呢?正是由于中心极限定理保证了,当 n 比较大时, $\frac{\overline{X}-\mu}{S/\sqrt{n}}$ 的分布基本就是标准正态分布,没有偏离 $N(0,1)$ 太远。

本章小结

　　如果总体的分布类型已知,而其参数未知,由样本统计量对总体的未知参数做出推断,就是参数估计。参数估计主要包括参数的点估计和区间估计。

　　学习目的如下:

　　1. 要求学生理解参数点估计的基本思想,理解参数点估计的基本概念,熟练运用替换原理求参数的矩估计,理解极大似然原理,熟练掌握求参数的极大似然估计方法和步骤。

　　2. 要求学生理解无偏性、一致性、有效性的基本思想,理解相合性、无偏性、有效性的基本概念,了解无偏性、一致性和有效性的判别方法。

　　3. 要求学生理解置信区间的基本思想,理解置信区间的基本概念,掌握求置信区间的枢轴量法的方法,掌握正态总体参数置信区间的计算公式。

习题 7

1. 设总体 X 服从二项分布 $b(n,p)$, n 已知, $(X_1,\cdots,X_n)$ 为来自总体 X 的样本,求参数 p 的矩估计量和极大似然估计量。

2. 设总体 X 的密度函数为

$$f(x) = \begin{cases} (\theta+1)x^\theta, & 0 < x < 1, \\ 0, & \text{其他}, \end{cases}$$

其中 $\theta > -1$, $(X_1,\cdots,X_n)$ 为来自总体 X 的样本,求参数 θ 的矩估计量和极大似然估计量。

3. 设电子元器件的寿命 X 的密度函数为

$$f(x, \theta) = \begin{cases} 2e^{-2(x-\theta)}, & x > 0, \\ 0, & x \leq 0, \end{cases}$$

其中 $\theta > 0$ 未知, $(X_1, \cdots, X_n)$ 为来自总体 X 的样本, 试求参数 θ 的极大似然估计量。

4. 已知某种球体直径服从 $X \sim N(\mu, \sigma^2)$, μ 和 σ^2 未知, 某位科学家测量到的一个球体直径的 5 次数据记录为: 6.33, 6.37, 6.36, 6.32 和 6.37 (单位: 厘米), 试估计 μ 和 σ^2。

5. 设总体 X 的概率分布为

表 7-1

X	0	1	2	3
P	θ^2	$2\theta(1-\theta)$	θ^2	$1-2\theta$

其中 $\theta\left(0 < \theta < \dfrac{1}{2}\right)$ 是未知参数, 利用总体的如下样本值 3, 1, 3, 0, 3, 1, 2, 3, 求 θ 的矩估计值和极大似然估计值。

6. 设总体 X 的密度函数为

$$f(x) = \begin{cases} \dfrac{1}{\theta} e^{-\frac{x}{\theta}}, & x > 0, \\ 0, & x \leq 0, \end{cases}$$

从其中抽取样本 X_1, X_2, X_3, 考虑 θ 的如下四种估计

$$\hat{\theta}_1 = X_1, \quad \hat{\theta}_2 = \frac{X_1 + X_2}{2}, \quad \hat{\theta}_3 = \frac{X_1 + 2X_2}{3}, \quad \hat{\theta}_4 = \overline{X}。$$

(1) 这四个估计中, 哪些是 θ 的无偏估计?

(2) 试比较这些估计的方差。

7. 某汽车制造厂为了测定某种型号汽车轮胎的使用寿命, 随机抽取 16 只作为样本进行寿命测试, 计算出轮胎平均寿命为 43000 公里, 标准差为 4120 公里, 试以 95% 的置信度推断该厂这批汽车轮胎的平均使用寿命区间。

8. 某无线电广播公司要估计某市 65 岁以上的已退休的人中一天时间里收听广播的时间, 随机抽取了一个容量为 200 的样本, 得到样本平均数为 110 分钟, 样本标准差为 30 分钟, 试估计总体均值 95% 的置信区间。

9. 从自动机床加工的同类零件中, 随机地抽取 16 件, 测得长度值如下 (单位: mm):

　　　　12.15　12.12　12.01　12.28　12.09　12.16　12.03　12.01　12.06
　　　　12.13　12.07　12.11　12.07　12.11　12.08　12.01　12.03　12.06

求该类零件长度的方差 σ^2 及标准差 σ 的区间估计 $(\alpha = 0.05)$。

10. 甲、乙两台机床加工同种零件, 分别从甲、乙机床处取 9 个和 7 个零件, 量得其平均长度分别为 19.8mm, 23.5mm, 已知甲机床加工的零件长度 $X_1 \sim N(\mu_1, 0.34)$, 乙机床加工的零件长度 $X_2 \sim N(\mu_2, 0.36)$, 求 $\mu_1 - \mu_2$ 的置信度为 99% 的置信区间。

11. 某地区教育委员会要估计两所中学的学生高考时的英语平均成绩之差, 为此在两所中

学独立地抽取两个随机样本,有关数据如下表所示。

表 7-2

中学 1	中学 2
$n_1 = 46$	$n_2 = 33$
$\overline{x}_1 = 86$	$\overline{x}_2 = 78$
$s_1 = 5.8$	$s_2 = 7.2$

求两所中学高考英语平均分数之差在 95% 置信水平下的置信区间。

12. 某电线厂质量检验员随机地从 A 批导线中抽取 4 根,并随机地从 B 批导线中抽取 5 根,测得其电阻(单位:欧姆)分别如下:

　　　　A 批导线:0.143　0.142　0.143　0.137

　　　　B 批导线:0.140　0.142　0.136　0.138　0.140

设这两批导线的电阻分别服从 $N(\mu_1, \sigma^2)$ 和 $N(\mu_2, \sigma^2)$ 且相互独立,μ_1, μ_2, σ^2 均未知,求 $\mu_1 - \mu_2$ 的置信度为 95% 的置信区间。

13. 为了研究男女生在生活费支出(单位:元)上的差异,在某大学各随机抽取 25 名男学生和 25 名女学生,得到下面的结果:

　　　　男学生:$\overline{x}_1 = 520, s_1^2 = 260$

　　　　女学生:$\overline{x}_2 = 480, s_2^2 = 280$

试以此为 90% 的置信水平估计男女学生生活费支出方差比的置信区间。

第 8 章

假设检验

假设检验是统计推断的另一类重要问题。当总体的分布函数未知或者分布中的某些参数未知时,我们常需要判断总体是否具有我们感兴趣的某些特性,这就需要我们提出某些关于总体分布或者关于总体的分布参数的假设,然后根据样本对所提出的假设做出判断:是接受还是拒绝,这就是本章所要讨论的假设检验问题。假设检验又叫显著性检验,显著性检验的方法很多,常用的有 t- 检验、F- 检验和 χ^2- 检验等。尽管这些检验方法的用途及使用条件不同,但其检验的基本原理是相同的。

8.1   假设检验的思想概述

8.1.1   假设检验的基本思想和步骤

我们先从下面的实例出发来说明假设检验问题的一般提法。

例 8.1   在进行一项教学方法改革实验之前,我们可以在同一年级随机抽取 30 人的样本进行短期(如只讲一章)的微型试验。试验之后对全年级进行统一测验,取得全年级的平均成绩 μ_0,标准差 σ 和 30 人样本的平均分 $\bar{x}$。根据这些资料,如何决断是否应进行这项教改实验?

我们可以把 30 人的实验组看成来自广泛进行实验的总体中的一个样本,这个假定的总体在统一测验中的平均成绩是 μ,是一个未知数,而标准差与全年级的实测标准差视为一样,均为 σ。我们的目的是要判断实验总体的平均分 μ 与全年级实际总体的平均分 μ_0 是否不同。出于数学模型的考虑,可先假设 $\mu = \mu_0$,这个假设称为待检假设,通常又称为**零假设**,记为 H_0。当 H_0 为真时,表明实验总体与实际总体无区别,也就没有进行这项教改实验的必要;当 H_0 不真($\mu \neq \mu_0$)且 $\mu > \mu_0$ 时,表示这项教改有成效,实验可进行下去,而当 $\mu < \mu_0$ 时,则表明实验是失败的。

总结上述,我们可以建立如下假设:

$H_0: \mu = \mu_0 \leftrightarrow H_1: \mu > \mu_0$(称为**备择假设**,表明教改有成效)

$H_0: \mu = \mu_0 \leftrightarrow H_1: \mu < \mu_0$(表明教改失败)

$H_0: \mu = \mu_0 \leftrightarrow H_1: \mu \neq \mu_0$(表明进行教改与不进行教改有差异)

如果我们收集到了一组样本信息,依据样本信息对上述的某组假设进行判断,这就是假设检验。

例 8.2   设某厂生产的一种灯管的寿命 $X \sim N(\mu, 40000)$,从过去较长一段时间的生产情况来看,灯管的平均寿命 $\mu_0 = 1500$ 小时,现在采用新工艺后,在所生产的灯管中抽取 25 只,测得平均寿命 $\bar{x} = 1675$ 小时,问采用新工艺后,灯管寿命是否有显著提高?

这里的问题,也只需检验是否有 $\mu > \mu_0$,仿照上面的例子,我们先作待检假设

$$H_0 : \mu = \mu_0 (= 1500) \leftrightarrow H_1 : \mu > \mu_0 \text{。} \tag{8.1}$$

我们是想根据抽取的样本(这里抽取的是容量为 25 的样本)来检验 H_0 是否为真,如不真则接受备择假设 H_1。

上面两个例子的共同特点是,对总体分布的数字特征(或参数)做出待检假设 H_0,然后根据从总体中抽取的一个样本对 H_0 是否为真做出推断,像这样的一个过程称为**统计假设检验**,简称**假设检验**。在假设检验中,希望通过研究来加以证实的假设,常作为**备择假设**,用 H_1 表示。而 H_1 的对立面称为**零假设**或**待检假设**,用 H_0 表示。像本例 H_0 这种能完全确定总体分布的假设称为**简单统计假设**或**简单假设**,否则称为**复合统计假设**或**复合假设**,比如这里的 H_1。由于直接检验 H_1 的真实性一般是比较困难的,因此我们总是通过检验 H_0 的不真实性来证明 H_1 的真实。当我们推断出 H_0 不真时,就认为 H_1 是真实的,从而拒绝 H_0,接受 H_1,而认为 H_0 为真时就接受 H_0,认为 H_1 不真。像上面两例这类只对总体分布中未知参数或数字特征所做的假设检验称为**参数假设检验**。这类问题一般对总体分布的类型有一定了解。有时候,我们对总体分布的情况了解不多,需对其分布类型进行假设检验,称为**拟合检验**,这类检验属于**非参数检验**。

下面我们从解决例 8.2 所提出的假设检验问题出发,来讨论假设检验的思想及步骤。

我们已经建立了假设 $H_0 : \mu = \mu_0 (= 1500) \leftrightarrow H_1 : \mu > \mu_0$。下面需要利用所取的样本信息来推断 H_0 是否为真。

要有效利用样本信息,必须先对子样进行加工,把子样中包含未知参数 μ 的信息集中起来,即构造一个适用于检验 H_0 的统计量。此处自然地想到选用 μ 的无偏估计量 $\bar{X}$ 比较合适,据已知 $\bar{X}$ 的观察值为 $\bar{x} = 1675 > 1500 = \mu_0$,造成这种差异有两种可能,一种可能是采用新工艺后,确实有 $\mu > \mu_0$,另一种可能是纯粹由随机抽样误差引起,属随机误差。若是后者,$\bar{x} - \mu_0$ 不应太大,如 $\bar{x} - \mu_0$ 大到一定程度,就应怀疑 H_0 不真。也就是说,根据 $\bar{x} - \mu_0$ 的大小就能对 H_0 做检验。在数理统计中,就是要按一定的原则找一个常数 K 作为界,当 $\bar{x} - \mu_0 > K$ 时就认为 H_0 不真,而接受 H_1,反之,若 $\bar{x} - \mu_0 \leqslant K$,则接受 H_0,这就是假设检验的基本思想。那么又如何确定 K 呢?由于 $\bar{x}$ 是 $\bar{X}$ 的观察值,自然想到应由 $\bar{X}$ 的分布来确定 K,若 H_0 为真,$\bar{X} \sim N(\mu_0, \frac{\sigma^2}{n})$,将其标准化,所得的统计量记为

$$U = \frac{\bar{X} - \mu_0}{\sigma}\sqrt{n} = \frac{\bar{X} - 1500}{200}\sqrt{25} \overset{H_0\text{真时}}{\sim} N(0,1), \tag{8.2}$$

U- 统计量可用来检验 H_0,常称它为**检验统计量**。当 H_0 为真时 U 偏大的可能性应很小,我们就取一个较小的正数 α,按 $P\{U > K\} = \alpha$ 来确定 K 值,对于确定的 K 值,样本观察值算出检验统计量 U 的观察值 u,只要"$u > K$",则认为"小概率事件在一次观测中发生了",违背了一般的实际推理原理,而违背常理的原因是因为假设 H_0 成立,从而从反面认为应

否定 H_0，接受 H_1，反之，若 $u \leqslant K$，则接受 H_0。由此可见，**假设检验的基本原理是小概率事件原理**，它是一种概率意义上的反证法。

再回到例 8.2，取 $\alpha = 0.05$，由 $P\{U \geqslant u_\alpha\} = \alpha$ 查表得 $u_\alpha = 1.65$，我们称 u_α 为该处**临界值**（它相当于上面的 K 值），将观察值代入（8.2）式中算得 U 的观察值为

$$u = 4.375 > 1.65 = u_\alpha。$$

于是，按"小概率事件原理"，我们应否定 H_0，接受 H_1，认为采用新工艺后，灯泡平均寿命有显著提高。

像上面那样，只对 H_0 作接受或否定的检验，称作**显著性假设检验**。α 则称作**显著性水平**，它是判断零假设 H_0 真伪的依据，一般取 α 为 $0.01, 0.05, 0.001$ 等。按上面的讨论，我们由水平 α 确定出临界值 u_α 后，实际上把检验统计量 U 可能取的观察值划分成两个部分：

$$C \stackrel{\triangle}{=} (u_\alpha, +\infty), \quad C^* \stackrel{\triangle}{=} (0, u_\alpha)。 \tag{8.3}$$

显然当 U 的观察值落入 C，则拒绝 H_0，所以我们称 C 为**拒绝域或临界域**。

在应用上，假设检验解决的问题要比参数估计解决的问题广泛得多。根据具体问题设立不同的零假设，随之采用的检验统计量也不同，从而产生各种具体的检验方法，其中常用的方法将在本章逐一介绍。

综上，总结出**显著性假设检验的一般处理步骤**为：

（1）根据实际问题提出原假设 H_0 及备择假设 H_1；

（2）构造一个合适的检验统计量（其构造以能反映相对差异，且在 H_0 为真时，较易确定其分布为准）；

（3）给定显著性水平 α，并在 H_0 为真的假定下，由 U 的分布确定出临界值进而求出拒绝域 C；

（4）由样本观察值计算出检验统计量的值，视其是否落入 C 做出拒绝或接受 H_0 的判断。

8.1.2 假设检验的两类错误

一般地，进行统计推断的样本为总体的一个简单随机样本，由于抽样时的抽样误差，我们按小概率事件原理确定 H_0 的拒绝域而达到检验 H_0 的目的是有些武断的，可能犯两类错误。

因为 H_0 和 H_1 是互斥而且包含所有的可能，因此，它们中只能有一个正确。如果 H_0 正确，则 H_1 是错误的；如果这时的假设检验结果为接受 H_0，则结论正确；相反，如果假设检验结果为拒绝 H_0，结论就是错误的，这类错误称为第一类错误，用 α 表示。

第一类错误——弃真的错误。即 H_0 本来正确，我们却错误地拒绝了它，犯这类错误的概率不超过 α，即 $P\{拒绝 H_0 \mid H_0 为真\} \leqslant \alpha$。

如果 H_0 是错误的，则 H_1 是正确的。这时的假设检验结果如果为拒绝 H_0，则结论正确；如果为接受 H_0，则结论错误，这类错误称为第二类错误，用 β 表示。

第二类错误——取伪的错误。即 H_0 本不真，我们却错误地接受了它，犯这类错误的

概率记为 β，即 $P\{$接受$H_0 \mid H_1$ 为真$\} = \beta$。

H_0 是错误的而结果为拒绝它的概率为 $1 - \beta$，称为**检验功效**，如表 8-1 所示。

表 8-1　检验 H_0 的可能结果

检验结果	未知的真正情况	
	H_0 正确	H_0 错误
接受 H_0	正确结论　$1 - \alpha$	第二类错误　β
拒绝 H_0	第一类错误　α	正确结论　$1 - \beta$

由表 8-1 第三行可知，如果接受 H_0，则或者得出正确结论，或者犯概率为 β 的第二类错误。由表 8-1 第四行可知，如果结论为拒绝 H_0，则可能得出正确结论，也可能犯概率为 α 的第一类错误。因为假设检验时我们可以选择显著水平 α 的高低，因此，我们可以控制它的大小。当假设检验结果为拒绝 H_0 时，我们知道犯第一类错误的概率，因此我们进行假设检验时，总是希望结论为拒绝 H_0。

从以上讨论可知，我们可以控制显著水平（第一类错误 α），那么为什么推荐的显著水平为 0.05，而不是更低的第一类错误概率 0.01 或 0.001 呢？有时我们确实会选择较高的显著水平，但是，这时犯第二类错误的概率 β 升高，检验功效下降。

下面通过一个例子说明。

例 8.3　假设有一个总体服从正态分布，其平均数等于 100，标准差等于 10。另一个总体也服从正态分布，平均数等于 105，标准差等于 10。我们不知道我们的样本是从哪一个总体抽取的，只知道为其中之一。而实际上，样本来自均值等于 105 的样本。

情形 1：假定样本容量 $n = 25$，$\alpha = 0.05$。

假设为

$$H_0 : \mu = 100, \sigma = 10;$$
$$H_1 : \mu = 105, \sigma = 10.$$

首先，我们计算当 H_0 正确时，什么情况下会犯第一类错误。根据例 8.2，查表得临界值 $u_{0.05} = 1.645$，即 $1.645 = \dfrac{\overline{X} - 100}{10/\sqrt{25}}$，于是得 $\overline{X} = 103.29$。如果 H_0 正确，当平均数大于 103.29 时，拒绝 H_0，第一类错误的概率为 0.05。如果 H_0 是错误的，平均数低于 103.29 会导致第二类错误，得出样本来自平均数为 100 总体的结论。

图 8-1 中平均数为 100 的分布的斜影部分为第一类错误，平均数为 105 的分布的阴影部分为第二类错误。现在我们可以根据定义，计算第二类错误为

$$\beta = P\{\overline{X} < 103.29\} = P\left\{ u < \frac{103.29 - 105}{10/\sqrt{25}} \right\}$$
$$= P\{u < -0.855\} = 0.1963,$$

这时 U-检验的检验功效等于 $1 - \beta = 1 - 0.1963 = 0.8037$。

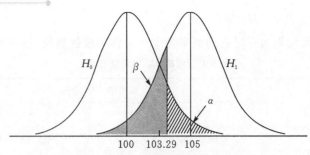

图 8-1　第一类错误和第二类错误

情形 2： 假定样本容量 $n = 25, \alpha = 0.01$。

同样地，我们先计算当 H_0 正确，什么情况下会犯第一类错误。与前面的相同，查附表得统计数临界值 $u_{0.01} = 2.330$，即 $2.330 = \dfrac{\overline{X} - 100}{10/\sqrt{25}}$，于是得 $\overline{X} = 104.66$，第二类错误为

$$\beta = P\{\overline{X} < 104.66\} = P\left\{u < \frac{104.66 - 105}{10/\sqrt{25}}\right\}$$

$$= P\{u < -0.170\} = 0.4325,$$

这时 U- 检验的检验功效等于

$$1 - \beta = 1 - 0.4325 = 0.5675。$$

表 8-2 列出了三种显著水平下第二类错误和检验功效，可以看出，随着显著性水平的提高，第二类错误增大，检验功效下降；这样的后果不是我们期望的。这种现象的根本原因，是因为两个样本分布存在重叠。比如，如果一个样本的均值等于 100，而另一个为 10000，由于两个样本分布没有重叠，第二类错误就消失了。

表 8-2　显著水平和第二类错误、检验功效的关系

α	β	检验功效
0.05	0.1963	0.8037
0.01	0.4325	0.5675
0.001 *	0.7190	0.2810

$*\ \alpha = 0.001$ 时，临界值 $u_\alpha = 3.08$。

情形 3： 假定样本容量 $n = 100, \alpha = 0.05$。由

$$1.645 = \frac{\overline{X} - 100}{10/\sqrt{100}}$$

得 $\overline{X} = 101.645$，于是，第二类错误为

$$\beta = P\{\overline{X} < 101.645\} = P\left\{u < \frac{101.645 - 105}{10/\sqrt{100}}\right\}$$

$$= P\{u < -3.355\} = 0.0004,$$

检验功效等于 $1 - \beta = 1 - 0.0004 = 0.9996$。

样本容量提高后，根据中心极限定理，样本平均数的标准误差下降，使样本分布间的

重叠减少,因此,可以通过样本容量来提高检验功效,降低第二类错误。

一般情况下,真实的情况我们并不知道,因此,无法计算第二类错误的概率值。

8.2　正态总体均值的假设检验

8.2.1　单正态总体均值的 U- 检验

设 $X_1,\cdots,X_n$ 为取自正态总体 $N(\mu,\sigma^2)$ 的一个子样,$\sigma^2=\sigma_0^2$ 为已知常数,建立假设

$$H_0:\mu=\mu_0(\mu_0\ 已知)\leftrightarrow H_1:\mu\neq\mu_0,$$

选用统计量

$$U=\frac{\overline{X}-\mu_0}{\sigma_0}\sqrt{n}\overset{H_0真}{\sim}N(0,1),\qquad(8.4)$$

对给定的显著性水平 α,由 $P\{|U|\geqslant u_{\frac{\alpha}{2}}\}=\alpha$,查表得临界值 $u_{\frac{\alpha}{2}}$,确定出拒绝域为 $C=\{u:|u|\geqslant u_{\frac{\alpha}{2}}\}$,其中 u 为(8.4)式的观察值。

例 8.4　某区进行数学统考,高二年级平均成绩为 75.6 分,标准差为 7.4 分,从该区某中学中抽取 50 位高二学生,测得平均数学统考成绩为 78 分,设该中学高二的数学成绩服从正态分布,目标准差与全区相同。试问该中学高二的数学成绩与全区数学成绩有无显著差异?

解　该例中总体为全区高二的数学统考成绩,可假设为服从正态分布的总体(事实上,即使不直接假设成绩服从正态分布,由中心极限定理知,当样本容量较大时(一般是 $n\geqslant45$),无论总体是什么分布,都可用 U- 检验),应该用 U- 检验。为此,当取 $\alpha=0.05$ 时,由 $P\{|U|\geqslant u_{\frac{\alpha}{2}}\}=0.05$,查表得 $u_{\frac{\alpha}{2}}=1.96$,将 $\mu_0=75.6,\sigma_0=7.4,n=50,\overline{x}=78$ 代入(8.4)式得

$$u=\frac{78-75.6}{7.4}\sqrt{50}\cong2.29,$$

因 $|u|=2.29>1.96$,故应拒绝 $H_0:\mu=\mu_0$,认为该中学高二数学成绩与全区成绩有显著差异。

注　注意到例 8.4 与例 8.2 的拒绝域 C 的区别,例 8.2 的拒绝域 $C=(u_{\frac{\alpha}{2}},+\infty)$,这是因为备择假设为 $H_1:\mu>\mu_0$ 是单侧的,而例 8.4 的拒绝域 $C=(-\infty,-u_{\frac{\alpha}{2}})\bigcup(u_{\frac{\alpha}{2}},+\infty)$,这是因为其 H_1 是 H_0 的否定:$\mu\neq\mu_0$ 为双侧的,我们称例 8.2 的 U- 检验为单侧检验(且是右侧检验),例 8.4 的 U- 检验为双侧检验。下面介绍的检验法亦有双侧、单侧之分,将不再重述。

8.2.2　单正态总体均值的 T- 检验

作单个总体均值的 U- 检验,要求总体标准差已知,但在实际应用中,σ^2 往往并不知道,我们自然想到用 σ^2 的无偏估计 S^2 代替它,得到如下的 T- 检验法。需检验

$$H_0:\mu=\mu_0\leftrightarrow H_1:\mu\neq\mu_0,$$

选用统计量

$$T = \frac{\overline{X} - \mu_0}{S}\sqrt{n} = \frac{\overline{X} - \mu_0}{S_n}\sqrt{n-1} \overset{H_0 \text{真}}{\sim} t(n-1), \tag{8.5}$$

通过给定水平 α，由 $P\{|T| \geqslant t_{\frac{\alpha}{2}}\} = \alpha$ 查表定出临界值 $t_{\frac{\alpha}{2}}$，进而确定出拒绝域为

$$C = \{|T| \geqslant t_{\frac{\alpha}{2}}\}。$$

例 8.5 健康成年男子脉搏平均为 72 次 / 分，高考体检时，某校参加体检的 26 名男生的脉搏平均为 74.2 次 / 分，标准差为 6.2 次 / 分，问此 26 名男生每分钟脉搏次数与一般成年男子有无显著差异？($\alpha = 0.05$)

解 要判断 26 名男生是否来自 $\mu_0 = 72$ 的总体，由于总体方差未知，只能用 T- 检验。提出假设

$$H_0 : \mu = \mu_0 \leftrightarrow H_1 : \mu \neq \mu_0,$$

计算 t 值

$$t = \frac{\overline{x} - \mu_0}{s_n}\sqrt{n} = \frac{74.2 - 72}{6.2}\sqrt{26} = 1.81,$$

确定临界值

$$T = \frac{\overline{X} - \mu_0}{S}\sqrt{n-1} \sim t(25),$$

当 H_0 真时，按 $P\{|T| > t_{\frac{\alpha}{2}}\} = \alpha = 0.05$，得 $t_{0.025} = 2.06$，而 $|1.81| < 2.06$，故接受 H_0，认为 26 名男生每分钟脉搏次数与一般成年男子无显著差别。

8.2.3 两正态总体均值差的检验

设 $X_1, \cdots, X_{n_1}$ 是取自正态总体 $N(\mu_1, \sigma^2)$ 的子样，$Y_1, \cdots, Y_{n_2}$ 是取自正态总体 $N(\mu_2, \sigma^2)$ 的子样，且两子样相互独立，σ^2 未知，检验

$$H_0 : \mu_1 = \mu_2 (\text{或} \mu_1 - \mu_2 = 0) \leftrightarrow H_1 : \mu_1 \neq \mu_2,$$

记这两个子样的均值和方差的无偏估计分别为

$$\overline{X} = \frac{1}{n_1}\sum_{i=1}^{n_1}X_i, \quad \overline{Y} = \frac{1}{n_2}\sum_{i=1}^{n_2}Y_i,$$

$$S_1^2 = \frac{1}{n_1-1}\sum_{i=1}^{n_1}(X_i - \overline{X})^2, \quad S_2^2 = \frac{1}{n_2-1}\sum_{i=1}^{n_2}(Y_i - \overline{Y})^2,$$

选用检验统计量

$$T = \frac{\overline{X} - \overline{Y}}{S_w\sqrt{\frac{1}{n_1} + \frac{1}{n_2}}}, \tag{8.6}$$

其中

$$S_w^2 = \frac{(n_1-1)S_1^2 + (n_2-1)S_2^2}{n_1 + n_2 - 2},$$

由定理 6.6 知，当 H_0 为真时 (8.6) 式中的检验统计量

$$T = \frac{\overline{X} - \overline{Y}}{S_w\sqrt{\frac{1}{n_1} + \frac{1}{n_2}}} \sim t(n_1 + n_2 - 2)。$$

对给定的水平 α,在 H_0 为真时,按 $P\{\mid T\mid>t_{\frac{\alpha}{2}}\}=\alpha$,查表定出临界值 $t_{\frac{\alpha}{2}}$,确定出拒绝域 $C=\{t:\mid t\mid>t_{\frac{\alpha}{2}}\}$,当 T 的观察值 $t\in C$ 则拒绝 H_0,否则接受 H_0。

例 8.6　某家禽研究所对粤黄鸡进行饲养对比试验,试验时间为 60 天,增重结果如表 8-3,问两种饲料对粤黄鸡的增重效果有无显著差异?

表 8-3　粤黄鸡饲养试验增重

饲料	n_i	增　　重(g)							
A	8	720	710	735	680	690	705	700	705
B	8	680	695	700	715	708	685	698	688

解　此例 $n_1=n_2=8$,经计算得
$$\overline{x}_1=705.6250,\ s_1^2=288.8393,\ \overline{x}_2=696.1250,\ s_2^2=138.1250。$$
要检验假设
$$H_0:\mu_1=\mu_2\leftrightarrow H_1:\mu_1\neq\mu_2,$$
计算得
$$s_w^2=\frac{(n_1-1)s_1^2+(n_2-1)s_2^2}{(n_1-1)+(n_2-1)}=\frac{7\times288.8393+7\times138.1250}{(8-1)+(8-1)}=213.4821,$$
$$t=\frac{\overline{x}_1-\overline{x}_2}{s_w\sqrt{\dfrac{1}{n_1}+\dfrac{1}{n_2}}}=\frac{705.6250-696.1250}{\sqrt{213.4821\times\left(\dfrac{1}{8}+\dfrac{1}{8}\right)}}=1.3004,$$

此处的检验统计量服从自由度为 14 的 t- 分布,查临界 t 值得:双侧 $t_{0.05}(14)=2.145$,$\mid t\mid<2.145$,故不能否定原假设,表明两种饲料饲喂粤黄鸡的增重效果差异不显著,可以认为两种饲料的增重效果没有差异。

8.3　正态总体方差的假设检验

8.3.1　单正态总体方差的 χ^2- 检验

以上讨论的 U- 检验和 T- 检验都是关于均值的检验,现在来讨论正态总体方差的检验。

设 $X_1,\cdots,X_n$ 为取自正态总体 $N(\mu,\sigma^2)$ 的子样,需检验假设 $H_0:\sigma^2=\sigma_0^2$(现分别对 μ 已知和 μ 未知两种情况进行讨论)。

1.总体均值 $\mu=\mu_0$ 为已知常数

这时 $\dfrac{1}{n}\sum\limits_{i=1}^{n}(X_i-\mu_0)^2$ 是 σ^2 的无偏估计,选用检验统计量
$$\chi^2=\frac{\sum\limits_{i=1}^{n}(X_i-\mu_0)^2}{\sigma_0^2}\overset{H_0真时}{\sim}\chi^2(n),\tag{8.7}$$

对给定的显著性水平 α,由 $P\{k_1 \leqslant \chi^2 \leqslant k_2\} = 1-\alpha$,查表定出临界值 k_1, k_2 及拒绝域

$$C = \{\chi^2 < k_1\} \bigcup \{\chi^2 > k_2\},$$

一般情况下 k_1, k_2 是选用分位点 $\chi^2_{1-\frac{\alpha}{2}}$,$\chi^2_{\frac{\alpha}{2}}$,即由

$$P_{H_0}\{\chi^2 < \chi^2_{1-\frac{\alpha}{2}}\} = \frac{\alpha}{2}, P_{H_0}\{\chi^2 > \chi^2_{\frac{\alpha}{2}}\} = \frac{\alpha}{2}$$

定出 $k_1 = \chi^2_{1-\frac{\alpha}{2}}, k_2 = \chi^2_{\frac{\alpha}{2}}$。

2. 总体均值 μ 未知的情形

这时用 μ 的有效估计 $\overline{X}$ 替代(8.7)式中 μ_0,$S^2 = \frac{1}{n-1}\sum_{i=1}^{n}(X_i - \overline{X})^2$ 是 σ^2 的无偏估计,选用检验统计量

$$\chi^2 = \frac{\sum_{i=1}^{n}(X_i - \overline{X})^2}{\sigma_0^2} = \frac{(n-1)S^2}{\sigma_0^2} \sim \chi^2(n-1), \tag{8.8}$$

对于给定的水平 α,由

$$P_{H_0}\{\chi^2 > \chi^2_{\frac{\alpha}{2}}\} = \frac{\alpha}{2}, \ P_{H_0}\{\chi^2 < \chi^2_{1-\frac{\alpha}{2}}\} = \frac{\alpha}{2},$$

查自由度为 $n-1$ 的 χ^2- 分布表,得临界值 $\chi^2_{\frac{\alpha}{2}}$,$\chi^2_{1-\frac{\alpha}{2}}$,从而确定其拒绝域为

$$C = \{\chi^2 > \chi^2_{\frac{\alpha}{2}}\} \bigcup \{\chi^2 < \chi^2_{1-\frac{\alpha}{2}}\},$$

然后将样本观察值代入(8.8)式计算出 χ^2 的观察值,视其是否落入拒绝域而做出拒绝或接受 H_0 的判断。

例 8.7 某电工器材厂生产一种保险丝。测量其熔化时间,依通常情况方差为 400,今从某天的产品中抽取容量为 25 的样本,测量其熔化时间并计算得 $\overline{x} = 62.24, s^2 = 404.77$,问该天保险丝熔化时间的方差与通常有无显著差异?(取 $\alpha = 0.05$,假定熔化时间服从正态分布)

解 本题可归结为关于正态总体方差的双侧检验问题

$$H_0 : \sigma^2 = 400 \leftrightarrow H_1 : \sigma^2 \neq 400。$$

当 $\alpha = 0.05$ 时,查表知

$$\chi^2_{0.975}(24) = 12.401, \chi^2_{0.025}(24) = 39.3641,$$

因此拒绝域为

$$C = \{\chi^2 \leqslant 12.401\} \bigcup \{\chi^2 \geqslant 39.3641\},$$

由所给的条件可得出检验统计量为

$$\chi^2 = \frac{24 \times 404.77}{400} = 24.2862,$$

可见 $\chi^2 \notin C$,因此在显著性水平 $\alpha = 0.05$ 下,接受 H_0,即认为该天保险丝熔化时间的方差与通常无显著差异。

8.3.2　两正态总体方差比的F-检验

前面介绍两个独立正态总体均值差的T-检验时,我们要求两者方差相等,要检验其方差是否相等,需用下面介绍的F-检验法。

设$X_1,\cdots,X_{n_1}$是取自正态总体$N(\mu_1,\sigma_1^2)$的子样,$Y_1,\cdots,Y_{n_2}$是取自正态总体$N(\mu_2,\sigma_2^2)$的子样,且两子样相互独立,要检验

$$H_0:\sigma_1^2=\sigma_2^2 \leftrightarrow H_1:\sigma_1^2\neq\sigma_2^2,$$

由定理 6.6,当H_0为真时,可选用检验统计量

$$F=\frac{S_1^2}{S_2^2}\sim F(n_1-1,n_2-1), \tag{8.9}$$

对给定的水平α,由

$$P_{H_0}\{F\geqslant f_{\frac{\alpha}{2}}\}=\frac{\alpha}{2},\ P_{H_0}\{F\leqslant f_{1-\frac{\alpha}{2}}\}=\frac{\alpha}{2},$$

查$F(n_1-1,n_2-1)$分布表定出临界值,进而确定出拒绝域

$$C=\{f\geqslant f_{\frac{\alpha}{2}}\}\bigcup\{f\leqslant f_{1-\frac{\alpha}{2}}\},$$

视F-统计量的观察值f是否落入C而做出拒绝或接受H_0的判断。

例 8.8　某中学从初二年级中各随机抽取若干学生施以两种不同的数学教改实验,一段时间后统一测试结果如下:

$$实验甲:n_1=25,\overline{x}_1=88,S_{1n_1}=6$$
$$实验乙:n_2=27,\overline{x}_2=82,S_{2n_2}=8$$

在测试成绩均服从正态分布的条件下,问两种实验效果差异是否显著($\alpha=0.1$)?

解　1.首先作方差齐性检验

(1)提出假设

$$H_0:\sigma_1^2=\sigma_2^2\leftrightarrow H_1:\sigma_1^2\neq\sigma_2^2;$$

(2)定临界值

由

$$F=\frac{S_1^2}{S_2^2}=\frac{n_1 S_{1n_1}^2/n_1-1}{n_2 S_{2n_2}^2/n_2-1}\sim F(24,26),$$

查表得

$$f_{\frac{\alpha}{2}}(24,26)=f_{0.95}(24,26)=1.95,$$

$$f_{1-\frac{\alpha}{2}}(24,26)=\frac{1}{f_{0.95}(26,24)}=\frac{1}{1.97}=0.508,$$

于是拒绝域为

$$C=\{f\geqslant 1.95\}\bigcup\{f\leqslant 0.508\};$$

(3)计算f值

$$f=\frac{25\times 6^2/24}{27\times 8^2/26}=\frac{25\times 6^2\times 26}{27\times 8^2\times 24}=0.564>0.508;$$

(4)做出判断,因$f\notin C$故不能拒绝H_0,认为两子样取自方差没有显著差异的总体。

2.检验均值是否有显著差异,显然应选用(8.6)式所示 T- 检验

(1) 提出假设

$$H_0 : \mu_1 = \mu_2 \leftrightarrow H_1 : \mu_1 \neq \mu_2;$$

(2) 计算临界值

由 $\alpha = 0.10, t$- 分布的自由度为50,得 $t_{0.05}(50) \approx u_{0.05} = 1.645$;

(3) 计算 t- 统计量的值

$$S_1^2 = \frac{n_1 S_{1n_1}^2}{n_1 - 1}, \quad S_2^2 = \frac{n_2 S_{2n_2}^2}{n_2 - 1},$$

于是

$$s_w^2 = \frac{24 \times 37.50 + 26 \times 66.46}{50} = 52.56,$$

$$t = \frac{x_1 - x_2}{s_w \sqrt{\frac{1}{25} + \frac{1}{27}}} = \frac{88 - 82}{7.25 \sqrt{0.077}} = \frac{6}{2.012} = 2.98 > 1.645,$$

故应拒绝 H_0,认为两种数学教改实验效果有显著差异。

8.4　分布拟合检验

前面讨论的总体分布中未知参数的估计和检验都是假定总体分布类型已知,比如为正态总体的前提下进行的,这属于对总体分布类型已知时的分布参数进行统计推断的问题。

但是,在实际应用时,总体的分布往往未知,首先应对总体分布类型进行推断,如何对总体的分布进行推断呢?不难想象,我们可以由子样作经验分布函数的提示,对总体分布类型作假设,然后再对所提的假设进行检验。由于所用的方法不依赖于总体分布的具体数学形式,在数理统计中,就把这种不依赖于分布的统计方法称为**非参数统计方法**。

非参数统计的内容十分丰富,在本节我们主要介绍非参数假设检验中最重要的一类——χ^2- **分布拟合检验**。

8.4.1　总体真实分布 $F_0(x)$ 已知

设总体 X 的分布函数为 $F(x)$,但 $F(x)$ 未知,从 X 中抽取子样 $(X_1, \cdots, X_n)$ 的观测值为 $(x_1, \cdots, x_n)$,要据此检验总体 X 的分布函数为某已知函数 $F_0(x)$,即

$$H_0 : F(x) = F_0(x),$$

我们将 X 的可能取值范围 R 分成 k 个互不相交的区间:$A_1 = [a_0, a_1)$, $A_2 = [a_1, a_2)$, $\cdots$, $A_k = [a_{k-1}, a_k)$(这些区间不一定长度相等,且 a_0 可为 $-\infty, a_k$ 可为 $+\infty$)。

以 n_i 表示子样观测值 $(x_1, \cdots, x_n)$ 中落入区间 A_i 的频数,称为**观测频数**,显然有 $\sum_{i=1}^{k} n_i = n$,而事件 $\{X \in A_i\}$ 在 n 次观测中发生的频率为 $\frac{n_i}{n}$。

我们知道,当 H_0 为真时,有

$$P\{X \in A_i\} = F_0(a_i) - F_0(a_{i-1}) = p_i, \quad i = 1, 2, \cdots, k, \tag{8.10}$$

于是得到当 H_0 为真时,容量为 n 的子样落入区间 A_i 的理论频数为 np_i,且有

$$\sum_{i=1}^{k} np_i = n\sum_{i=1}^{k} p_i = n,$$

由大数定律知,当 H_0 为真时,有

$$\frac{n_i}{n} \xrightarrow{P} p_i (n \to \infty)。$$

即当 n 充分大时,n_i 与 np_i 的差异不应太大,根据这个思想,皮尔逊(Pearson K)构造出 H_0 的检验统计量为

$$\chi^2 = \sum_{i=1}^{k} \frac{(n_i - np_i)^2}{np_i}, \tag{8.11}$$

并证明了如下的结论:

定理 8.1　(皮尔逊定理)当 H_0 为真时,(8.11)式所示的 χ^2 - 统计量的渐近分布是自由度为 $k-1$ 的 χ^2 - 分布,即

$$\chi^2 = \sum_{i=1}^{k} \frac{(n_i - np_i)^2}{np_i} \longrightarrow \chi^2(k-1), n \to \infty。 \tag{8.12}$$

于是,对于给定的显著性水平 α,由 $P\{\chi^2 \geqslant \chi^2_{1-\alpha}\} = \alpha$ 查 $\chi^2(k-1)$ 分布表,确定出临界值,从而得 H_0 的拒绝域 $C = [\chi^2_{1-\alpha}, \infty)$,将子样观察值代入(8.11)式所示的 χ^2 - 统计量算出其观测值 χ^2,视其是否落入 C 而做出拒绝或接受 H_0 的判断。

例 8.9　有人对 $\pi = 3.1415926\cdots$ 的小数点后 800 位数字中数字 $0,1,2,\cdots,9$ 出现的次数进行了统计,结果如下:

表 8-4

数字	0	1	2	3	4	5	6	7	8	9
次数	74	92	83	79	80	73	77	75	76	91

试在显著性水平为 0.05 下检验每个数字出现概率相同的假设。

解　这是一个分布拟合优度检验,总体总共有 10 类。若记出现数字 i 的概率为 p_i,则要检验的假设为

$$H_0: p_0 = p_1 = \cdots = p_9 = 0.1。$$

这里 $k = 10$,检验拒绝域为 $\{\chi^2 \geqslant \chi^2_{1-\alpha}(9)\}$,若取 $\alpha = 0.05$,则查表知 $\chi^2_{0.95}(9) = 16.92$,检验统计量为

$$\chi^2 = \frac{(74-80)^2}{80} + \frac{(92-80)^2}{80} + \cdots + \frac{(91-80)^2}{80} = 5.125,$$

由于 $\chi^2 = 5.125$ 未落入拒绝域,故不拒绝原假设,在显著性水平为 0.05 下可以认为每个数字出现概率相同的结论成立。此处检验的 p 值为 $p = P\{\chi^2(9) \geqslant 5.125\}$,可用统计软件算出 $p = 0.8233$。

上面的检验法称为**皮尔逊 χ^2 - 拟合检验法**,它适合下面更一般的情况。

8.4.2　总体真实分布 $F_0(x; \theta_1, \cdots, \theta_m)$ 含有未知参数

设总体 X 的分布函数为 $F(x)$,但 $F(x)$ 未知,从 X 中抽取子样 $(X_1, \cdots, X_n)$ 的观测值

为 $(x_1, \cdots, x_n)$，要据此检验总体 X 的分布函数为某含有未知参数但已知分布类型的 $F_0(x; \theta_1, \cdots, \theta_m)$：

$$H_0: F(x) = F_0(x; \theta_1, \cdots, \theta_m)。$$

在这种情况下，我们首先用 $\theta_1, \cdots, \theta_m$ 的极大似然估计 $\hat{\theta}_1, \cdots, \hat{\theta}_m$ 代替 $F_0(x; \theta_1, \cdots, \theta_m)$ 中的参数 $\theta_1, \cdots, \theta_m$，再按 8.4.1 节的处理办法进行检验，但这时 (8.11) 式所示的 χ^2-统计量的渐近分布将是 $\chi^2(k-m-1)$，即有如下定理。

定理 8.2 （费歇尔定理）当 H_0 为真时，用 $\theta_1, \cdots, \theta_m$ 的极大似然估计 $\hat{\theta}_1, \cdots, \hat{\theta}_m$ 代替 $F_0(x; \theta_1, \cdots \theta_m)$ 中的未知参数 $\theta_1, \cdots, \theta_m$，并用

$$\hat{p}_i = F_0(a_i; \hat{\theta}_1, \cdots, \hat{\theta}_m) - F_0(a_{i-1}; \hat{\theta}_1, \cdots, \hat{\theta}_m) \tag{8.13}$$

代替 (8.12) 式中的 p_i 所得的统计量

$$\chi^2 = \sum_{i=1}^{k} \frac{(n_i - n\hat{p}_i)^2}{n\hat{p}_i} \longrightarrow \chi^2(k-m-1), n \to \infty。 \tag{8.14}$$

例 8.10 检查了一本书的 100 页，记录各页中的印刷错误的个数，其结果如下：

表 8-5

错误个数	0	1	2	3	4	5	$\geqslant 6$
页数	35	40	19	3	2	1	0

问能否认为一页的印刷错误个数服从泊松分布（取 $\alpha = 0.05$）？

解 这是一个要检验总体是否服从泊松分布的假设检验问题。本题中把总体分成 7 类，在原假设下，每类出现的概率为

$$p_i = \frac{\lambda^i}{i!} e^{-\lambda} (i = 0, 1, \cdots, 5); \quad p_6 = \sum_{i=6}^{+\infty} \frac{\lambda^i}{i!} e^{-\lambda}。$$

未知参数 λ 可采用极大似然方法进行估计，为

$$\hat{\lambda} = \frac{1}{100} \times (1 \times 40 + 2 \times 19 + \cdots + 5 \times 1) = 1。$$

将 $\hat{\lambda}$ 代入可以估计出诸 $\hat{p}_i$，于是可计算出检验统计量 χ^2，如下表：

表 8-6

i	n_i	$\hat{p}_i$	$n\hat{p}_i$	$(n_i - n\hat{p}_i)^2/n\hat{p}_i$
0	35	0.3679	36.79	0.0871
1	40	0.3679	36.79	0.2801
2	19	0.1839	18.39	0.0202
3	3	0.0613	6.13	1.5982
4	2	0.0153	1.53	0.1444
5	1	0.0031	0.31	1.5358

续表

i	n_i	$\hat{p}_i$	$n\hat{p}_i$	$(n_i - n\hat{p}_i)^2/n\hat{p}_i$
6	0	0.0006	0.06	0.06
合计	100	1.0000	100	$\chi^2 = 3.7258$

若取 $\alpha = 0.05$，查表知 $\chi^2_{1-\alpha}(k-m-1) = \chi^2_{0.95}(5) = 11.0705$，故拒绝域为 $C = \{\chi^2 \geqslant 11.0705\}$，由于 $\chi^2 = 3.7258 < 11.0705$，故不拒绝原假设，在显著性水平为 0.05 下可以认为一页的印刷错误个数服从泊松分布，此处检验的 p 值为

$$p = P\{\chi^2(5) \geqslant 3.7258\} = 0.5895。$$

本章小结

　　当总体分布中的某些参数未知或者分布函数未知时，我们需要提出某些关于总体分布参数或者关于总体分布的假设，然后根据样本对所提出的假设做出接受还是拒绝的判断。常用的参数假设检验统计量有 t-检验、F-检验和 χ^2-检验等，常用的非参数假设检验有 χ^2-拟合检验等。尽管这些检验方法的用途及使用条件不同，但其检验的基本原理都是基于"小概率事件原理"。

　　学习目的如下：

　　1. 要求学生理解假设检验的基本思想方法，认识假设检验问题的本质，熟悉解决假设检验问题的基本步骤。

　　2. 理解和掌握单个以及两个正态总体均值的假设检验的思想和方法。

　　3. 理解和掌握单正态总体方差和两正态总体方差比检验的思想和方法。

　　4. 理解 χ^2-拟合检验的基本思想，熟悉其基本步骤。

习题 8

1. 有一批枪弹，出厂时，其初速 $v \sim N(950, 100)$（单位：m/s），经过较长时间储存，取 9 发进行测试，得样本值（单位：m/s）如下：

   　　914　　920　　910　　934　　953　　945　　912　　924　　940

   据经验，枪弹经储存后其初速度仍服从正态分布，且标准差保持不变，问是否可认为这批枪弹的初速度有显著降低（$\alpha = 0.05$）？

2. 已知某炼铁厂铁水含碳量服从正态分布 $N(4.55, 0.108^2)$，现在测定了 9 炉铁水，其平均含碳量为 4.484，如果铁水含碳量的方差没有变化，可否认为现在生产的铁水平均含碳量仍为 4.55（$\alpha = 0.05$）？

3. 从一批钢管中抽取 10 根，测得其内径（单位：mm）如下：

100.36　100.31　99.99　100.11　100.64　100.85　99.42　99.91　99.35　100.10

设这批钢管内直径服从正态分布 $N(\mu,\sigma^2)$，试分别在下列条件下检验假设（$\alpha=0.05$）：

$$H_0:\mu=100\leftrightarrow H_1:\mu>100。$$

(1) 已知 $\sigma=0.05$；(2)σ 未知。

4. 如果一个矩形的宽度 w 与长度 l 的比值为：$\dfrac{w}{l}=\dfrac{1}{2}(\sqrt{5}-1)\approx0.618$，这样的矩形称为黄金矩形。下面列出某工艺品厂随机抽取的 20 个矩形的宽度与长度的比值：

0.693　0.749　0.654　0.670　0.662　0.672　0.615　0.606　0.690　0.628

0.668　0.611　0.606　0.609　0.553　0.570　0.844　0.576　0.933　0.630

设这一工厂生产的矩形的宽度与长度的比值总体服从正态分布，其均值为 μ，试检验假设（取 $\alpha=0.05$）

$$H_0:\mu=0.618\leftrightarrow H_1:\mu\neq0.618。$$

5. 下面给出两种型号的计算器充电以后所能使用的时间（单位：h）的观测值：

表 8-7

| 型号 A | 5.5 | 5.6 | 6.3 | 4.6 | 5.3 | 5.0 | 6.2 | 5.8 | 5.1 | 5.2 | 5.9 |
| 型号 B | 3.8 | 4.3 | 4.2 | 4.0 | 4.9 | 4.5 | 5.2 | 4.8 | 4.5 | 3.9 | 3.7 | 4.6 |

设两样本独立且数据所属的两正态总体方差相等，且均值至多差一个平移量。试问能否认为型号 A 的计算器平均使用时间明显比型号 B 长（取 $\alpha=0.01$）？

6. 从某锌矿的东、西两支矿脉中，各抽取样本容量分别为 9 与 8 的样本进行测试，得样本平均数及样本方差如下：

$$东支：\overline{x}_1=0.230,\quad s_1^2=0.1337$$

$$西支：\overline{x}_2=0.269,\quad s_2^2=0.1736$$

若东、西两支矿脉的含锌量都服从正态分布且方差相同，问东、西两支矿脉含锌量的均值是否可以看作一样（取 $\alpha=0.05$）？

7. 两台车床生产同一种滚珠，滚珠直径服从正态分布。从中分别抽取 8 个和 9 个产品，测得其直径如下：

表 8-8

| 甲车床 | 15.0 | 14.5 | 15.2 | 15.5 | 14.8 | 15.1 | 15.2 | 14.8 |
| 乙车床 | 15.2 | 15.0 | 14.8 | 15.2 | 15.0 | 15.0 | 14.8 | 15.1 | 14.8 |

比较两台车床生产的滚珠直径的方差是否有明显的差异（取 $\alpha=0.05$）。

8. 测得两批电子器件的样品的电阻（单位：Ω）如下：

表 8-9

| A 批(x) | 0.140 | 0.138 | 0.143 | 0.142 | 0.144 | 0.137 |
| B 批(y) | 0.135 | 0.140 | 0.142 | 0.136 | 0.138 | 0.140 |

设这两批器材电阻值分别服从分布 $N(\mu_1,\sigma_1^2)$，$N=(\mu_2,\sigma_2^2)$，且两样本独立。

(1) 试检验两个总体的方差是否相等（取 $\alpha=0.05$）；

(2) 试检验两个总体的均值是否相等（取 $\alpha=0.05$）。

9. 掷一颗骰子 60 次，结果如下：

表 8-10

点数	1	2	3	4	5	6
次数	7	8	12	11	9	13

试在显著性水平为 0.05 下检验这颗骰子是否均匀。

10. 在一批灯泡中抽取 300 只作寿命检验，其结果如下：

表 8-11

寿命(h)	< 100	[100,200)	[200,300)	≥ 300
灯泡数	121	78	43	58

在显著性水平 $\alpha=0.05$ 下，能否认为灯泡寿命服从指数分布 Exp(0.005)？

第 9 章

回归分析

当人们对研究对象的内在特性和各因素间的关系有比较充分的认识时,一般用机理分析方法建立数学模型。如果由于客观事物内部规律的复杂性及人们认识程度的限制,无法分析实际对象内在的因果关系,建立合乎机理规律的数学模型,那么通常的办法是搜集大量数据,基于对数据的统计分析去建立模型。本章讨论其中用途非常广泛的一类模型 —— 统计回归模型。回归模型常用来解决预测、控制、生产工艺优化等问题。

变量之间的关系可以分为两类:一类叫**确定性关系**,也叫**函数关系**,其特征是:一个变量随着其他变量的确定而确定。另一类关系叫**相关关系**,变量之间的关系很难用一种精确的方法表示出来。例如,通常人的年龄越大血压越高,但人的年龄和血压之间没有确定的数量关系,人的年龄和血压之间的关系就是相关关系。再例如人身高与脚长是两个变量,它们关系密切,但是脚长不能完全确定人的身高,脚长为 25 厘米的人,他的身高是不确定的。又如松树的胸径与材积关系很密切,但是胸径不能完全确定材积。

具有相关关系的变量间由一些变量可以大体预报其他变量,前者称为**解释变量**,也叫作**自变量**,后者称为**响应变量**,也叫作**因变量**。我们希望得到由解释变量预报响应变量的公式,以便通过解释变量去预测或控制响应变量。

回归分析就是处理变量之间的相关关系的一种数学方法,其解决问题的大致方法、步骤如下:

(1)收集一组包含因变量和自变量的数据;

(2)选定因变量和自变量之间的模型,即一个数学式子,利用数据按照最小二乘准则计算模型中的参数;

(3)利用统计分析方法对不同的模型进行比较,找出与数据拟合得最好的模型;

(4)判断得到的模型是否适合于这组数据;

(5)利用模型对因变量做出预测或解释。

9.1　一元线性回归

9.1.1　基本概念

我们假定有两个变量 Y 与 X 之间存在相关关系,这种关系可以用 Y 的函数的形式表示出来,即 Y 是所谓的因变量,它仅仅依赖于自变量 X,它们之间的关系可以用方程式表示。在最简单的情况下,Y 与 X 之间的关系是线性关系。用线性函数 $a+bX$ 来估计 Y 的数学期望的问题称为**一元线性回归**问题。即上述估计问题相当于对变量 X 的每一个观测值

x，假设 $E(y) = a+bx$，而且 $y \sim N(a+bx, \sigma^2)$，其中 a, b, σ^2 都是未知参数，并且不依赖于 x，对 y 作这样的正态假设，相当于设

$$y = a + bx + \varepsilon, \tag{9.1}$$

其中 $\varepsilon \sim N(0, \sigma^2)$ 为随机误差。

这种线性关系的确定常常可以通过两类方法，一类是根据实际问题所对应的理论分析，如各种经济理论常常会揭示一些基本的数量关系；另一种直观的方法是通过 Y 与 X 的散点图来初步确认。

对于(9.1)式中的系数 a, b，需要由观察值 (x_i, y_i) 来进行估计。如果由样本得到了 a，b 的估计值为 $\hat{a}, \hat{b}$，则对于给定的 $x, a+bx$ 的估计值为 $\hat{a}+\hat{b}x$，记作 $\hat{y}$，也就是我们对 y 的估计方程为

$$\hat{y} = \hat{a} + \hat{b}x, \tag{9.2}$$

称之为 y 对 x 的**线性回归方程**，或回归方程，其图形称为**回归直线**。

例 9.1　有一种溶剂在不同的温度下其在一定量的水中的溶解度不同，现测得这种溶剂在温度 x 下，溶解于水中的数量 y 如下表所示：

表 9-1

x_i	0	4	10	15	21	29	36	51	68
y_i	66.7	71.0	76.3	80.6	85.7	92.9	99.4	113.6	125.1

数据的散点图如下：

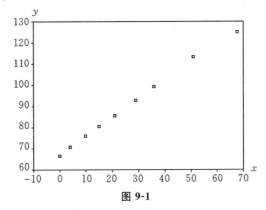

图 9-1

这里 x 是自变量，y 是随机变量，我们要求 y 对 x 的回归直线方程，我们应如何估计方程中的系数 $\hat{a}$ 和 $\hat{b}$？

9.1.2　模型参数估计

在样本的容量为 n 的情况下，我们得到 n 对观察值为 (x_i, y_i)，下面我们利用**最小二乘法**来基于这 n 对观察值估计参数 a, b。

当我们作出这一对变量观察值的散点图后，我们可以看出，我们所要求的回归直线，实际上是这样的一条直线，即，使所求的直线能够最好地拟合已有的所有点，或者说要使

图上所有的点到这条直线的距离最近。因此所要求的直线实际上就是使所有的点与这条直线间的总误差最小的直线。

我们用 y_i 表示 y 的样本观察值，$\hat{y}_i$ 表示根据回归方程所得到的 y 的估计值，则估计值与实际观察值之间的误差为

$$e_i = y_i - \hat{y}_i = y_i - \hat{a} - \hat{b} x_i 。 \tag{9.3}$$

其总的误差，可以表示为误差的平方和的形式，即

$$Q(\hat{a}, \hat{b}) = \sum e_i^2 = \sum (y_i - \hat{y}_i)^2 = \sum (y_i - \hat{a} - \hat{b} x_i)^2 , \tag{9.4}$$

现在要使上式取得极小值，只需令 Q 对 $\hat{a}, \hat{b}$ 的一阶偏导等于 0，因此

$$\begin{cases} \dfrac{\partial Q}{\partial \hat{a}} = \dfrac{\partial \sum (y_i - \hat{a} - \hat{b} x_i)^2}{\partial \hat{a}} = -2 \left(\sum y_i - n\hat{a} - \hat{b} \sum x_i \right) = 0 , \\[4mm] \dfrac{\partial Q}{\partial \hat{b}} = \dfrac{\partial \sum (y_i - \hat{a} - \hat{b} x_i)^2}{\partial \hat{b}} = -2 \left(\sum x_i y_i - \hat{a} \sum x_i - \hat{b} \sum x_i^2 \right) = 0 , \end{cases} \tag{9.5}$$

由此可解得如下结果：

$$\begin{cases} \hat{a} = \overline{y} - \hat{b} \overline{x} , \\[4mm] \hat{b} = \dfrac{\sum (x_i - \overline{x})(y_i - \overline{y})}{\sum (x_i - \overline{x})^2} , \end{cases} \tag{9.6}$$

其中 $\dfrac{1}{n} \sum x_i = \overline{x}, \dfrac{1}{n} \sum y_i = \overline{y}, \hat{a}, \hat{b}$ 就是参数 a, b 的无偏估计。此外，所谓最小二乘估计，实际上就是使误差的平方和最小的估计。

估计出了回归方程的参数，我们就可以在给定 x 值时对 y 进行估计或预测。

在 $\hat{a}, \hat{b}$ 的实际计算时，常令

$$S_{xx} = \sum_{i=1}^{n} (x_i - \overline{x})^2 = \sum_{i=1}^{n} x_i^2 - \frac{1}{n} \left(\sum_{i=1}^{n} x_i \right)^2 = \sum_{i=1}^{n} x_i^2 - n\overline{x}^2 ;$$

$$S_{xy} = \sum_{i=1}^{n} (x_i - \overline{x})(y_i - \overline{y}) = \sum_{i=1}^{n} x_i y_i - \frac{1}{n} \left(\sum_{i=1}^{n} x_i \right) \left(\sum_{i=1}^{n} y_i \right) ;$$

$$S_{yy} = \sum_{i=1}^{n} (y_i - \overline{y})^2 = \sum_{i=1}^{n} y_i^2 - \frac{1}{n} \left(\sum_{i=1}^{n} y_i \right)^2 = \sum_{i=1}^{n} y_i^2 - n\overline{y}^2 ,$$

则

$$\hat{a} = \overline{y} - \hat{b} \overline{x}, \quad \hat{b} = \frac{S_{xy}}{S_{xx}} 。 \tag{9.7}$$

例 9.2 （续例 9.1）求 y 关于 x 的回归方程。

解 此处，有关回归方程计算所需要的数据如下：

$$n = 9, \overline{x} = 26, \overline{y} = 90.1444, S_{xx} = \sum_{i=1}^{9} (x_i - \overline{x})^2 = 4060,$$

$$S_{yy} = \sum_{i=1}^{9} (y_i - \overline{y})^2 = 3083.9822,$$

$$S_{xy} = \sum_{i=1}^{9} (x_i - \overline{x})(y_i - \overline{y}) = 3534.8,$$

于是

$$\hat{b} = \frac{S_{xy}}{S_{xx}} = \frac{3534.8}{4060} = 0.8706,$$

$$\hat{a} = \overline{y} - \hat{b}\overline{x} = 67.5078,$$

因此所求的回归直线方程为

$$\hat{y} = 67.5078 + 0.8706x。$$

9.1.3　参数估计量的分布

为了对前面所做的 y 与 x 是线性关系的假设的合理性进行检验,我们必须知道所估计的参数的分布。

由于

$$\hat{b} = \frac{\sum (x_i - \overline{x})(y_i - \overline{y})}{\sum (x_i - \overline{x})^2} = \frac{S_{xy}}{S_{xx}},$$

按假定,$y_1, y_2, \cdots, y_n$ 相互独立,而且已知 $y \sim N(a+bx, \sigma^2)$,其中 x_i 为常数,所以由 $\hat{b}$ 的表达式知 $\hat{b}$ 为独立正态变量 $y_1, y_2, \cdots, y_n$ 的线性组合,于是 $\hat{b}$ 也是正态随机变量,可以证明

$$\hat{b} \sim N\left(b, \frac{\sigma^2}{S_{xx}}\right)。 \tag{9.8}$$

另外,对于任意给定的 $x = x_0$,其对应的回归值 $\hat{y}_0 = \hat{a} + \hat{b}x_0$,由于 $\hat{a} = \overline{y} - \hat{b}\overline{x}$,所以可以写成

$$\hat{y}_0 = \hat{a} + \hat{b}x_0 = \overline{y} + \hat{b}(x_0 - \overline{x}),$$

也就是说,在 $x = x_0$ 处 y 所对应的估计值也是一个服从正态分布的随机变量,可以证明

$$\hat{y}_0 \sim N\left[a + bx_0, \left(\frac{1}{n} + \frac{(x_0 - \overline{x})^2}{\sum (x_i - \overline{x})^2}\right)\sigma^2\right]。 \tag{9.9}$$

为了估计方差,考查各个 x_i 处的 y_i 与其相对应的回归值 $\hat{y}_i = \overline{y} + \hat{b}(x_i - \overline{x})$,记残差 $y_i - \hat{y}_i$ 的平方和为 $ESS = \sum_{i=1}^{n} (y_i - \hat{y}_i)^2$。

可以证明,其期望值为 $E(ESS) = (n-2)\sigma^2$,因此,$\dfrac{E(ESS)}{n-2}$ 是 σ^2 的无偏估计,即

$$\hat{\sigma}^2 = \frac{ESS}{n-2} = \frac{1}{n-2}\sum_{i=1}^{n} (y_i - \hat{y})^2, \tag{9.10}$$

而且,其自由度为 $n-2$,其分布为

$$\frac{(n-2)\hat{\sigma}^2}{\sigma^2} = \frac{ESS}{\sigma^2} \sim \chi^2(n-2)。$$

9.1.4 线性假设的显著性检验

1. T- 检验法

现在来检验 $y = a + bx + \varepsilon, \varepsilon \sim N(0, \sigma^2)$ 这一线性假设是否合适,也即要检验假设

$$H_0 : b = 0 \leftrightarrow H_1 : b \neq 0,$$

由已学知识知,若假设 $X \sim N(0,1), Y \sim \chi^2(n)$,并且 X 与 Y 相互独立,则随机变量 $T = \dfrac{X}{\sqrt{Y/n}}$ 服从自由度为 n 的 t- 分布,记为 $T \sim t(n)$。

由上述的 9.1.3 节,显然

$$\frac{\hat{b} - b}{\sqrt{\sigma^2 / S_{xx}}} \sim N(0,1),$$

$$\frac{(n-2)\hat{\sigma}^2}{\sigma^2} = \frac{ESS}{\sigma^2} \sim \chi^2(n-2)。$$

若记 $\dfrac{\hat{\sigma}}{\sqrt{S_{xx}}} = Se(\hat{b})$ 为 $\hat{b}$ 的估计标准差,则在原假设 $H_0 : b = 0$ 成立时,有

$$t = \frac{\hat{b}}{\hat{\sigma}} \sqrt{S_{xx}} = \frac{\hat{b}}{Se(\hat{b})} \sim t(n-2), \tag{9.11}$$

在给定显著水平 α 下,计算 t- 统计量的值与临界值比较,若落入拒绝域,则拒绝原假设 $H_0 : b = 0$,认为回归结果显著,也就是说 y 与 x 之间存在着线性关系 $y = a + bx + \varepsilon$;否则,就认为回归结果不显著。

2. F- 检验法

为考虑 n 个观察值之差异,可用 y_i 与其平均值 $\overline{y}$ 的离差平方和表示,即

$$TSS = \sum_{i=1}^{n} (y_i - \overline{y})^2,$$

可有如下分解式:

$$
\begin{aligned}
TSS &= \sum_{i=1}^{n} \left[(y_i - \hat{y}_i) + (\hat{y}_i - \overline{y}) \right]^2 \\
&= \sum_{i=1}^{n} (y_i - \hat{y}_i)^2 + \sum_{i=1}^{n} (\hat{y}_i - \overline{y})^2 \\
&= ESS + RSS,
\end{aligned} \tag{9.12}
$$

其中,$ESS = \sum\limits_{i=1}^{n} (y_i - \hat{y}_i)^2$ 表示除 x 与 y 的线性关系外,其他因素造成 y 值偏差的平方和,称为**剩余平方和**或**残差平方和**;$RSS = \sum\limits_{i=1}^{n} (\hat{y}_i - \overline{y})^2$ 表示由 x 与 y 的线性关系引起的偏差,称为**回归平方和**。可以证明 TSS, RSS, ESS 分别服从自由度为 $n-1, 1, n-2$ 的 χ^2- 分布。

故在 H_0 成立时,有

$$F = \frac{RSS/1}{ESS/(n-2)} \sim F(1, n-2), \tag{9.13}$$

对已给 α,若 $F > F_\alpha(1, n-2)$,则拒绝 H_0,即回归显著。

例 9.3 (续例 9.1)检验例 9.1 的回归结果是否显著,取 $\alpha = 0.05$。

解 利用前面计算的结果,将数据代入(9.11)式,有 $t = 56.58$,在此,$t_{\frac{\alpha}{2}}(n-2) = t_{0.025}(7) = 2.3646 < 56.58$,所以拒绝 H_0,即认为线性回归的效果是显著的。

将数据代入(9.13)式,计算得 $F = 3201.47$,查表知

$$F_\alpha(1, n-2) = F_{0.05}(1, 7) = 236.8,$$

显然应拒绝 H_0,认为线性回归效果显著。

9.2 多元线性回归

9.2.1 多元线性回归的概念

一元线性回归分析讨论的回归问题只涉及了一个自变量,但在实际问题中,影响因变量的因素往往有多个。例如,商品的需求除了受自身价格的影响外,还要受到消费者收入、其他商品的价格、消费者偏好等因素的影响;影响水果产量的外界因素有平均气温、平均日照时数、平均湿度等。

因此,在许多场合仅仅考虑单个变量是不够的,还需要就一个因变量与多个自变量的联系来进行考察,才能获得比较满意的结果。这就产生了测定多因素之间相关关系的问题。

研究在线性相关条件下,两个或两个以上自变量对一个因变量的数量变化关系,称为**多元线性回归分析**,表现这一数量关系的数学公式,称为**多元线性回归模型**。

多元线性回归模型是一元线性回归模型的扩展,其基本原理与一元线性回归模型类似,只是在计算上更为复杂,一般需借助计算机来完成。

9.2.2 多元线性回归模型

1. 多元线性回归模型及其矩阵表示

设 y 是一个可观测的随机变量,它受到 p 个非随机因素 $x_1, x_2, \cdots, x_p$ 和随机因素 ε 的影响,若 y 与 $x_1, x_2, \cdots, x_p$ 有如下线性关系

$$y = \beta_0 + \beta_1 x_1 + \cdots + \beta_p x_p + \varepsilon, \tag{9.14}$$

其中 $\beta_0, \beta_1, \cdots, \beta_p$ 是 $p+1$ 个未知参数,ε 是不可测的随机误差,且通常假定 $\varepsilon \sim N(0, \sigma^2)$。我们称式(9.14)为**多元线性回归模型**,称 y 为**被解释变量**(因变量),$x_i(i = 1, 2, \cdots, p)$ 为**解释变量**(自变量),称

$$E(y) = \beta_0 + \beta_1 x_1 + \cdots + \beta_p x_p \tag{9.15}$$

为理论回归方程。

对于一个实际问题,要建立多元回归方程,首先要估计出未知参数 $\beta_0, \beta_1, \cdots, \beta_p$,为此

我们要进行 n 次独立观测,得到 n 组样本数据 $(x_{i1}, x_{i2}, \cdots, x_{ip}; y_i)$, $i = 1, 2, \cdots, n$,这 n 组样本数据满足式(9.14),即有

$$
\begin{cases}
y_1 = \beta_0 + \beta_1 x_{11} + \beta_2 x_{12} + \cdots + \beta_p x_{1p} + \varepsilon_1, \\
y_2 = \beta_0 + \beta_1 x_{21} + \beta_2 x_{22} + \cdots + \beta_p x_{2p} + \varepsilon_2, \\
\qquad\qquad\cdots\cdots\cdots\cdots \\
y_n = \beta_0 + \beta_1 x_{n1} + \beta_2 x_{n2} + \cdots + \beta_p x_{np} + \varepsilon_n,
\end{cases}
\tag{9.16}
$$

其中 $\varepsilon_1, \varepsilon_2, \cdots, \varepsilon_n$ 相互独立且都服从 $N(0, \sigma^2)$。

式(9.16)又可表示成矩阵形式

$$
\boldsymbol{Y} = \boldsymbol{X}\boldsymbol{\beta} + \boldsymbol{\varepsilon}
\tag{9.17}
$$

这里,$\boldsymbol{Y} = (y_1, y_2, \cdots, y_n)^{\mathrm{T}}$,$\boldsymbol{\beta} = (\beta_0, \beta_1, \cdots, \beta_p)^{\mathrm{T}}$,$\boldsymbol{\varepsilon} = (\varepsilon_1, \varepsilon_2, \cdots, \varepsilon_n)^{\mathrm{T}}$,$\boldsymbol{\varepsilon} \sim N_n(\boldsymbol{0}, \sigma^2 \boldsymbol{I}_n)$,$\boldsymbol{I}_n$ 为 n 阶单位矩阵,记

$$
\boldsymbol{X} = \begin{pmatrix}
1 & x_{11} & x_{12} & \cdots & x_{1p} \\
1 & x_{21} & x_{22} & \cdots & x_{2p} \\
\vdots & \vdots & \vdots & & \vdots \\
1 & x_{n1} & x_{n2} & \cdots & x_{np}
\end{pmatrix},
$$

$n \times (p+1)$ 阶矩阵 $\boldsymbol{X}$ 称为**资料矩阵**或**设计矩阵**,并假设它是列满秩的,即 $\mathrm{rank}(\boldsymbol{X}) = p+1$。

由模型(9.16)以及多元正态分布的性质可知,$\boldsymbol{Y}$ 仍服从 n 维正态分布,它的期望向量为 $\boldsymbol{X}\boldsymbol{\beta}$,方差和协方差矩阵为 $\sigma^2 \boldsymbol{I}_n$,即 $\boldsymbol{Y} \sim N_n(\boldsymbol{X}\boldsymbol{\beta}, \sigma^2 \boldsymbol{I}_n)$。

2. 参数的最小二乘估计及其性质

与一元线性回归时的一样,多元线性回归方程中的未知参数 $\beta_0, \beta_1, \cdots, \beta_p$ 仍然可用最小二乘法来估计,即我们选择 $\hat{\boldsymbol{\beta}} = (\hat{\beta}_0, \hat{\beta}_1, \cdots, \hat{\beta}_p)^{\mathrm{T}}$ 使误差平方和

$$
Q(\hat{\boldsymbol{\beta}}) \overset{\Delta}{=} \sum_{i=1}^{n} \varepsilon_i^2 = \boldsymbol{\varepsilon}^{\mathrm{T}}\boldsymbol{\varepsilon} = (\boldsymbol{Y} - \boldsymbol{X}\hat{\boldsymbol{\beta}})^{\mathrm{T}}(\boldsymbol{Y} - \boldsymbol{X}\hat{\boldsymbol{\beta}})
$$

$$
= \sum_{i=1}^{n} (y_i - \hat{\beta}_0 - \hat{\beta}_1 x_{i1} - \hat{\beta}_2 x_{i2} - \cdots - \hat{\beta}_p x_{ip})^2
$$

达到最小。

$Q(\hat{\boldsymbol{\beta}})$ 是关于 $\hat{\beta}_0, \hat{\beta}_1, \cdots, \hat{\beta}_p$ 的非负二次函数,利用微积分的极值求法,得

$$
\begin{cases}
\dfrac{\partial Q(\hat{\boldsymbol{\beta}})}{\partial \hat{\beta}_0} = -2 \sum_{i=1}^{n} (y_i - \hat{\beta}_0 - \hat{\beta}_1 x_{i1} - \hat{\beta}_2 x_{i2} - \cdots - \hat{\beta}_p x_{ip}) = 0, \\[2mm]
\dfrac{\partial Q(\hat{\boldsymbol{\beta}})}{\partial \hat{\beta}_1} = -2 \sum_{i=1}^{n} (y_i - \hat{\beta}_0 - \hat{\beta}_1 x_{i1} - \hat{\beta}_2 x_{i2} - \cdots - \hat{\beta}_p x_{ip}) x_{i1} = 0, \\[2mm]
\qquad\qquad\qquad\cdots\cdots\cdots\cdots \\
\dfrac{\partial Q(\hat{\boldsymbol{\beta}})}{\partial \hat{\beta}_k} = -2 \sum_{i=1}^{n} (y_i - \hat{\beta}_0 - \hat{\beta}_1 x_{i1} - \hat{\beta}_2 x_{i2} - \cdots - \hat{\beta}_p x_{ip}) x_{ik} = 0, \\[2mm]
\qquad\qquad\qquad\cdots\cdots\cdots\cdots \\
\dfrac{\partial Q(\hat{\boldsymbol{\beta}})}{\partial \hat{\beta}_p} = -2 \sum_{i=1}^{n} (y_i - \hat{\beta}_0 - \hat{\beta}_1 x_{i1} - \hat{\beta}_2 x_{i2} - \cdots - \hat{\beta}_p x_{ip}) x_{ip} = 0.
\end{cases}
$$

这里 $\hat{\beta}_i(i=0,1,\cdots,p)$ 是 $\beta_i(i=0,1,\cdots,p)$ 的最小二乘估计。上述对 $Q(\hat{\pmb{\beta}})$ 求偏导,求得正规方程组的过程可用矩阵代数运算进行,得到正规方程组的矩阵表示:

$$\pmb{X}^{\mathrm{T}}(\pmb{Y}-\pmb{X}\hat{\pmb{\beta}})=\pmb{0},$$

移项得

$$\pmb{X}^{\mathrm{T}}\pmb{X}\hat{\pmb{\beta}}=\pmb{X}^{\mathrm{T}}\pmb{Y}, \tag{9.18}$$

称此方程组为**正规方程组**。

解正规方程组(9.18)得

$$\hat{\pmb{\beta}}=(\pmb{X}^{\mathrm{T}}\pmb{X})^{-1}\pmb{X}^{\mathrm{T}}\pmb{Y}, \tag{9.19}$$

称 $\hat{y}=\hat{\beta}_0+\hat{\beta}_1 x_1+\hat{\beta}_2 x_2+\cdots+\hat{\beta}_p x_p$ 为**经验回归方程**。

将自变量的各组观测值代入回归方程,可得因变量的估计量(拟合值)为

$$\hat{\pmb{Y}}=(\hat{y}_1,\hat{y}_2,\cdots,\hat{y}_p)^{\mathrm{T}}=\pmb{X}\hat{\pmb{\beta}},$$

向量

$$\pmb{e}=\pmb{Y}-\hat{\pmb{Y}}=\pmb{Y}-\pmb{X}\hat{\pmb{\beta}}=[\pmb{I}_n-\pmb{X}(\pmb{X}^{\mathrm{T}}\pmb{X})^{-1}\pmb{X}^{\mathrm{T}}]\pmb{Y}=(\pmb{I}_n-\pmb{H})\pmb{Y}$$

称为**残差向量**,其中 $\pmb{H}=\pmb{X}(\pmb{X}^{\mathrm{T}}\pmb{X})^{-1}\pmb{X}^{\mathrm{T}}$ 为 n 阶对称幂等矩阵,$\pmb{I}_n$ 为 n 阶单位阵。

记

$$\pmb{e}^{\mathrm{T}}\pmb{e}=\pmb{Y}^{\mathrm{T}}(\pmb{I}_n-\pmb{H})\pmb{Y}=\pmb{Y}^{\mathrm{T}}\pmb{Y}-\hat{\pmb{\beta}}^{\mathrm{T}}\pmb{X}^{\mathrm{T}}\pmb{Y}$$

为**残差平方和** ESS。

由于 $E(\pmb{Y})=\pmb{X}\pmb{\beta}$,且 $(\pmb{I}_n-\pmb{H})\pmb{X}=\pmb{0}$,可以证明

$$E(\pmb{e}^{\mathrm{T}}\pmb{e})=\sigma^2(n-p-1), \tag{9.20}$$

从而 $\hat{\sigma}^2=\dfrac{1}{n-p-1}\pmb{e}^{\mathrm{T}}\pmb{e}$ 为 σ^2 的一个无偏估计。

下面我们不加证明地叙述估计量的性质:

性质 1　$\hat{\pmb{\beta}}$ 为 $\pmb{\beta}$ 的线性无偏估计,且 $D(\hat{\pmb{\beta}})=\mathrm{var}(\hat{\pmb{\beta}})=\sigma^2(\pmb{X}^{\mathrm{T}}\pmb{X})^{-1}$。

这一性质说明,$\hat{\pmb{\beta}}$ 为 $\pmb{\beta}$ 的线性无偏估计,又由于 $(\pmb{X}^{\mathrm{T}}\pmb{X})^{-1}$ 一般为非对角阵,故 $\hat{\pmb{\beta}}$ 的各个分量间一般是相关的。

性质 2　$E(ESS)=(n-p-1)\sigma^2$。

性质 3　当 $\pmb{Y}\sim N_n(\pmb{X}\pmb{\beta},\sigma^2\pmb{I})$,有以下几点结论:

(1) $\hat{\pmb{\beta}}\sim N(\pmb{\beta},\sigma^2(\pmb{X}^{\mathrm{T}}\pmb{X})^{-1})$;

(2) ESS 与 $\hat{\pmb{\beta}}$ 相互独立;

(3) $ESS\sim\chi^2(n-p-1)$。

9.2.3　模型参数的显著性检验

给定因变量 y 与 $x_1,x_2,\cdots,x_p$ 的 n 组观测值,利用前述方法确定线性回归方程是否有意义,还有待于显著性检验。下面分别介绍回归方程显著性的 F-检验和回归系数的 T-检验,同时介绍衡量回归拟合程度的拟合优度检验。

对多元线性回归方程作显著性检验就是要看自变量 $x_1,x_2,\cdots,x_p$ 从整体上对随机变

量 y 是否有明显的影响,即检验假设

$$H_0:\beta_1 = \beta_2 = \cdots = \beta_p = 0 \leftrightarrow H_1:\beta_i \neq 0(1 \leqslant i \leqslant p),$$

如果 H_0 被接受,则表明 y 与 $x_1,x_2,\cdots,x_p$ 之间不存在线性关系。

我们知道,观测值 $y_1,y_2,\cdots,y_n$ 之所以有差异,是由于下述两个原因引起的,一是 y 与 $x_1,x_2,\cdots,x_p$ 之间确有线性关系时,由于 $x_1,x_2,\cdots,x_p$ 取值的不同而引起 $y_i(i=1,2,\cdots,n)$ 值的变化;另一方面是除去 y 与 $x_1,x_2,\cdots,x_p$ 的线性关系以外的因素,如 $x_1,x_2,\cdots,x_p$ 对 y 的非线性影响以及随机因素的影响等,则数据的总离差平方和

$$TSS = \sum_{i=1}^{n}(y_i - \overline{y})^2 = \sum_{i=1}^{n}(\hat{y}_i - \overline{y})^2 + \sum_{i=1}^{n}(y_i - \hat{y}_i)^2 = RSS + ESS, \quad (9.21)$$

RSS 反映了线性拟合值与它们的平均值的总偏差,即由变量 $x_1,x_2,\cdots,x_p$ 的变化引起 $y_1,y_2,\cdots,y_n$ 的波动。若 $RSS = 0$,则每一个拟合值均相当,即 $\hat{y}_i$ 不随 $x_1,x_2,\cdots,x_p$ 而变化,这意味着 $\beta_1 = \beta_2 = \cdots = \beta_p = 0$。因此,$RSS$ 越大,说明由线性回归关系所描述的 $y_1,y_2,\cdots,y_n$ 的波动性的比例就越大,即 y 与 $x_1,x_2,\cdots,x_p$ 的线性关系就越显著,线性模型的拟合效果越好。

可以证明,ESS 的自由度为 $n-p-1$,RSS 的自由度为 p,因此对应于 TSS 的分解,也有自由度的分解关系 $n-1 = (n-p-1) + p$。

1. 总体显著性的 F- 检验

与一元线性回归时一样,可以用 F 统计量检验回归方程的总体显著性,F 统计量为

$$F = \frac{RSS/p}{ESS/(n-p-1)}, \quad (9.22)$$

当 H_0 为真时,$F \sim F(p, n-p-1)$,给定显著性水平 α,查 F 分布表得临界值 $F_\alpha(p, n-p-1)$,计算 F 的观测值 F_0,若 $F_0 \leqslant F_\alpha(p, n-p-1)$,则不能拒绝 H_0,即在显著性水平 α 之下,认为 y 与 $x_1,x_2,\cdots,x_p$ 的线性关系不显著;当 $F_0 \geqslant F_\alpha(p, n-p-1)$ 时,这种线性关系是显著的。

2. 模型参数显著性的 T- 检验

回归方程通过了显著性检验并不意味着每个自变量 $x_i(i=1,2,\cdots,p)$ 都对 y 有显著的影响,可能其中的某个或某些自变量对 y 的影响并不显著。我们自然希望从回归方程中剔除那些对 y 的影响不显著的自变量,从而建立一个较为简单有效的回归方程。这就需要对每一个自变量作考察。显然,若某个自变量 x_i 对 y 无影响,那么在线性模型中,它的系数 β_i 应为零。因此检验 x_i 的影响是否显著等价于检验假设

$$H_0:\beta_i = 0 \leftrightarrow H_1:\beta_i \neq 0,$$

由性质 3 可知:$\hat{\boldsymbol{\beta}} \sim N(\boldsymbol{\beta}, \sigma^2 (\boldsymbol{X}^{\mathrm{T}}\boldsymbol{X})^{-1})$,若记 $p+1$ 阶方阵 $\boldsymbol{C} = (c_{ij}) = (\boldsymbol{X}^{\mathrm{T}}\boldsymbol{X})^{-1}$,于是当 H_0 成立时,有

$$\frac{\hat{\beta}_i}{\sigma \sqrt{c_{ii}}} \sim N(0,1),$$

因为 $\dfrac{ESS}{\sigma^2} \sim \chi^2(n-p-1)$,且与 $\hat{\beta}_i$ 相互独立,根据 t- 分布的定义,有

$$t_i = \frac{\hat{\beta_i}}{\hat{\sigma}\sqrt{c_{ii}}} \sim t(n-p-1),$$

这里 $\hat{\sigma} = \sqrt{\dfrac{ESS}{n-p-1}}$，对给定的显著性水平 α，当 $|t_i| > t_{\frac{\alpha}{2}}(n-p-1)$ 时，我们拒绝 H_0；反之，接受 H_0。

9.2.4 拟合优度

拟合优度用于检验模型对样本观测值的拟合程度。在前面已经指出，在总离差平方和中，若回归平方和占的比例越大，则说明拟合效果越好。于是，就用回归平方和与总离差平方和的比例作为评判一个模型拟合优度的标准，称为**样本决定系数**（或称为**复相关系数**），记为 R^2，有

$$R^2 = \frac{RSS}{TSS} = 1 - \frac{ESS}{TSS}. \tag{9.23}$$

由 R^2 的意义看来，其值越接近于 1，意味着模型的拟合优度越高。于是，如果在模型中增加一个自变量，R^2 的值也会随之增加，这会给人一种错觉：要想模型拟合效果好，就得尽可能多引进自变量。为了防止这种倾向，人们考虑到，增加自变量必定使得自由度减少，于是又定义了引入自由度的修正的复相关系数，记为 R_a^2，有

$$R_a^2 = 1 - \frac{ESS/(n-p-1)}{TSS/(n-1)}.$$

在实际应用中，R^2 达到多大才算通过了拟合优度检验，没有绝对的标准，要看具体情况而定。模型拟合优度并不是判断模型质量的唯一标准，有时为了追求模型的实际意义，可以在一定程度上放宽对拟合优度的要求。

例 9.4 某站为预报早稻播种育秧期间的低温阴雨日数（如表 9-2），通过相关普查和点聚图分析，最后选择了三个相关较好的预报因子（解释变量）：

x_1—— 前一年 9 月份的阴雨日数距平；

x_2—— 前一年 10 月份至当年 1 月份的阴雨日数距平和；

x_3—— 当年 1 月份的阴雨日数距平；

y—— 历年早稻播种育秧期间的低温阴雨日数距平，为因变量。

试建立 y 与 x_1, x_2, x_3 之间的关系。

表 9-2

年份	y	x_1	x_2	x_3
1981	-8	0	-6	2
1982	4	2	20	3
1983	7	-1	19	4
1984	-7	-5	-16	-2
1985	12	6	5	1

年份	y	x_1	x_2	x_3
1986	6	3	-20	-2
1987	-14	-10	-10	-2
1988	4	6	13	2
1989	9	5	29	2
1990	3	-2	6	5
1991	-1	3	-32	3
1992	4	1	11	-5
1993	7	7	11	4
1994	-3	-9	-4	2
1995	5	2	3	0
1996	-11	-3	4	-6
1997	-8	0	-53	-5
1998	-1	4	4	-5
1999	-11	-9	8	-7
2000	6	-5	29	2

解 从数据中容易计算得到,样本容量 $n = 20$,样本总平方和 $TSS = 1102.55$,回归平方和 $RSS = 790.90$,残差平方和 $ESS = 311.65$,TSS、RSS、ESS 的自由度分别为 19、3、16。应用统计软件容易估计模型得到:

表 9-3

变量	系数估计值	系数估计的标准差	T-检验统计量的值	对应的 p 值
截距	0.3406	0.9917	0.34	0.7357
x_1	0.8238	0.2036	4.05	0.0009
x_2	0.1287	0.0532	2.42	0.0277
x_3	0.5990	0.2956	2.03	0.0597

由上表可知,估计的回归方程为

$$\hat{y} = 0.3406 + 0.8238x_1 + 0.1287x_2 + 0.5990x_3,$$

由估计的回归预测方程可知早稻育秧期间的低温阴雨日数 y 与前一年 9 月份的阴雨日数距平 x_1 之间的关系最密切。

计算可知回归方程的总体显著性检验的 F-统计量的值为 13.53,而对给定的显著性水平 $\alpha = 0.05$,相应的临界值为 $F_{0.05}(3,16) = 8.70$,因此该线性回归方程总体上是显著的。

又变量估计系数的 T-检验统计量的值分别为:$t_1 = 4.05$,$t_2 = 2.42$,$t_3 = 2.03$,相应的临界值为 $t_{0.025}(16) = 2.1199$,于是变量 x_1,x_2 在给定的显著性水平 $\alpha = 0.05$ 下是显著的,而变量 x_3 则不显著,这一点也可从上表最后一列的 p 值中看出。

容易计算得模型的复相关系数 $R^2 = 0.7173$,相应的修正的复相关系数 $R_\alpha^2 = 0.6643$。

本章小结

本章介绍了在实际中应用非常广泛的数理统计方法之一——回归分析,并分别对一元线性回归模型和多元线性回归模型介绍了模型设定、参数估计、假设检验的有关内容。

学习目的如下:

1. 理解建立一元线性回归模型和多元线性回归模型的直观意义以及模型的建立和设定方法。

2. 掌握一元线性回归模型和多元线性回归模型的参数(β, σ^2)估计方法和结果表示。

3. 理解模型的总体显著性 F- 检验以及单个参数的显著性 T- 检验方法并能熟练运用。

4. 理解拟合优度的意义。

习题 9

1. 测得 16 名成年女子身高 y 与腿长 x 所得数据如下:

表 9-4　女子身高与腿长数据

x	88	85	88	91	92	93	93	95	95	96	98	97	96	98	99	100	102
y	143	145	146	147	149	150	153	154	155	156	157	158	159	160	162	164

(1) 建立成年女子身高 y 关于腿长 x 的回归方程;

(2) 取 $\alpha = 0.05$,检验成年女子身高 y 与腿长 x 之间的线性相关关系是否显著。

2. 某科学基金会希望估计从事某研究的学者的年薪 y 与他们的研究成果(论文、著作等)的质量指标 x_1、从事研究工作的时间 x_2、能成功获得资助的指标 x_3 之间的关系,为此按一定的实验设计方法调查了 24 位研究学者,得到如下数据:

表 9-5　从事某种研究的学者的相关指标数据

序号	1	2	3	4	5	6	7	8	9	10	11	12
x_1	3.5	5.3	5.1	5.8	4.2	6.0	6.8	5.5	3.1	7.2	4.5	4.9
x_2	9	20	18	33	31	13	25	30	5	47	25	11
x_3	6.1	6.4	7.4	6.7	7.5	5.9	6.0	4.0	5.8	8.3	5.0	6.4
y	33.2	40.3	38.7	46.8	41.4	37.5	39.0	40.7	30.1	52.9	38.2	31.8

序号	13	14	15	16	17	18	19	20	21	22	23	24
x_1	8.0	6.5	6.6	3.7	6.2	7.0	4.0	4.5	5.9	5.6	4.8	3.9
x_2	23	35	39	21	7	40	35	23	33	27	34	15
x_3	7.6	7.0	5.0	4.4	5.5	7.0	6.0	3.5	4.9	4.3	8.0	5.8
y	43.3	44.1	42.5	33.6	34.2	48.0	38.0	35.9	40.4	36.8	45.2	35.1

(1) 试建立 y 与 x_1, x_2, x_3 之间关系的回归模型。

(2) 该回归模型是否是总体显著的?哪几个解释变量对因变量有显著影响?应如何解释?

（3）若假设误差项服从正态分布 $N(\mu, \sigma^2)$，请估计误差方差。

（4）给出回归模型的复相关系数及修正的复相关系数。

3. 为了了解人口平均预期寿命与人均国内生产总值和体质得分的关系，我们查阅了国家统计局资料、北京体育大学出版社出版的《2000 国民体质监测报告》，表 9-6 是我国大陆 31 个省市的有关数据。我们希望通过这几组数据考察它们是否具有良好的相关关系，并通过它们的关系从人均国内生产总值（可以看作反映生活水平的一个指标）、体质得分预测其寿命可能的变化范围。

表 9-6　31 个省市人口预期寿命与人均国内生产总值和体质得分数据

序号	预期寿命	体质得分	人均产值	序号	预期寿命	体质得分	人均产值	序号	预期寿命	体质得分	人均产值
1	71.54	66.165	12857	12	65.49	56.775	8744	23	69.87	64.305	17717
2	73.92	71.25	24495	13	68.95	66.01	11494	24	67.41	60.485	15205
3	73.27	70.135	24250	14	73.34	67.97	20461	25	78.14	70.29	70622
4	71.20	65.125	10060	15	65.96	62.9	5382	26	76.10	69.345	47319
5	73.91	69.99	29931	16	72.37	66.1	19070	27	74.91	68.415	40643
6	72.54	65.765	18243	17	70.07	64.51	10935	28	72.91	66.495	11781
7	70.66	67.29	10763	18	72.55	68.385	22007	29	70.17	65.765	10658
8	71.85	67.71	9907	19	71.65	66.205	13594	30	66.03	63.28	11587
9	71.08	66.525	13255	20	71.73	65.77	11474	31	64.37	62.84	9725
10	71.29	67.13	9088	21	73.10	67.065	14335				
11	74.70	69.505	33772	22	67.47	63.605	7898				

（1）试建立预期寿命与体质得分和人均产值之间关系的回归模型。

（2）该回归模型是否是总体显著的？解释变量都对因变量有显著影响吗？应如何解释？

（3）给出回归模型的复相关系数及修正的复相关系数。

附　　录

一、统计分布间的关系

《概率论与数理统计》是一门应用价值很大的课程,其要求也比较高,它不仅要求学生掌握比较全面的高等数学、线性代数知识,同时也要求学生掌握其应用的实际背景。许多学生在学习过程中通常都觉得难度比较大,许多概念混淆不清,以至于在解题过程中无从入手,有的就是会做了也表达不清。究其原因,其中一条非常重要的是对统计分布间的各种关系理不清。下面总结一些常用的统计分布间的关系,牢记这些关系对学好概率论与数理统计这门课程很有帮助。

1.分布间的相互关系

(1) 若 $X \sim b(n,p)$,$b(k;n,p) = C_n^k p^k (1-p)^{n-k}$,$k = 0,1,\cdots,n$。当 $n = 1$ 时,即 $X \sim b(1,p)$,称 X 服从两点分布,又若 $X_1, X_2, \cdots, X_n$ 独立同分布于 $b(1,p)$,则 $\sum_{i=1}^{n} X_i \sim b(n,p)$,说明二项分布与两点分布的关系。

(2) 若 $X \sim b(n,p_n)$,当 $\lim_{n \to \infty} np_n = \lambda$ 时,则 $\lim_{n \to \infty} C_n^k p_n^k (1-p_n^k) = \dfrac{\lambda^k}{k!} e^{-\lambda}$,即为泊松定理。其说明当 $\lim_{n \to \infty} np_n = \lambda$ 时,二项分布可近似为泊松分布。

(3) 若 $X \sim b(n,p)$,当 n 很大时,则 X 近似服从 $N(np, np(1-p))$,或者 $\dfrac{X - np}{\sqrt{np(1-p)}}$ 近似服从 $N(0,1)$,即为棣莫弗-拉普拉斯中心极限定理。其说明当 n 很大时,二项分布可近似为正态分布。

(4) 若随机变量 X, Y 相互独立,分别服从参数为 λ_1, λ_2 的泊松分布,则在给定 $X + Y$ 的值时,X 的条件分布为二项分布,即 $X \mid (X+Y=k) \sim b(n,p_1)$,$p_1 = \dfrac{\lambda_1}{\lambda_1 + \lambda_2}$。同理,$Y \mid (X+Y=k) \sim b(n,p_2)$,$p_2 = \dfrac{\lambda_2}{\lambda_1 + \lambda_2}$。其说明泊松分布与二项分布的关系。

(5) 若 X 服从负二项分布(或者称为 Pascal 分布)$NB(r,p)$,$nb(k;r,p) = P\{X=k\} = C_{k+r-1}^k p^r (1-p)^k$,$k = 0,1,\cdots$,则存在相互独立同分布于几何分布的随机变量 X_i,$P\{X_i = k\} = p(1-p)^{k-1}$,$k = 1,2,\cdots$,$i = 1,2,\cdots,r$,有 $X = \sum_{i=1}^{r} X_i - r$。其说明负二项分布与几何分布的关系。

(6) $X \sim U(0,1)$,则 $-\ln X \sim \text{Exp}(1)$。其说明 $U(0,1)$ 与标准指数分布的关系。

(7) 若 $X \sim N(\mu, \sigma^2)$，则 $\dfrac{X-\mu}{\sigma} \sim N(0,1)$。其说明一般正态分布与标准正态分布的关系。

(8) 若 X 服从对数正态分布 $LN(\mu, \sigma^2)$，则 $\ln X \sim N(\mu, \sigma^2)$。其说明对数正态分布与正态分布的关系。

(9) 若 $X \sim N(0,1), Y \sim \chi^2(n)$，且 X, Y 独立，则 $\dfrac{X}{\sqrt{Y/n}} \sim t(n)$。其说明 $N(0,1)$、$\chi^2(n)$ 分布与 $t(n)$ 分布的关系。

(10) 若 $X \sim \chi^2(n), Y \sim \chi^2(m)$，且 X, Y 独立，则 $\dfrac{X/n}{Y/m} \sim F(n,m)$。其说明 χ^2- 分布与 F- 分布的关系。

(11) 若 $X \sim \chi^2(n)$，当 n 很大时，则 X 近似服从 $N(n, 2n)$。其说明 χ^2- 分布与正态分布的关系。

(12) 若 X 服从两参数威布尔分布 $\mathrm{Wei}(\beta, \eta)$，其分布函数为 $F(x) = 1 - \exp\left\{-\left(\dfrac{x}{\eta}\right)^m\right\}, x > 0$。当 $m = 1$ 时，即为指数分布；当 $m = 2$ 时，即为参数为 $\dfrac{\eta}{\sqrt{2}}$ 的瑞利分布，密度函数为 $f(x) = \dfrac{2x}{\eta^2}\mathrm{e}^{-\left(\frac{x}{\eta}\right)^2}$。其说明威布尔分布与指数分布、瑞利分布的关系。

(13) 若 $X \sim \Gamma(\alpha, \beta)$，其密度函数为 $f(x) = \dfrac{x^{\alpha-1}}{\beta^\alpha \Gamma(\alpha)}\mathrm{e}^{-\frac{x}{\beta}}, x > 0$。当 $\alpha = 1$ 时，即为指数分布 $\mathrm{Exp}\left(\dfrac{1}{\beta}\right)$；当 $\beta = 1, \alpha = \dfrac{1}{2}$ 时，$f(x) = \dfrac{1}{\sqrt{\pi x}}\mathrm{e}^{-x}$；当 $\alpha = \dfrac{n}{2}, \beta = 2$ 时，即为 $\chi^2(n)$ 分布。其说明伽玛分布与指数分布、χ^2- 分布的关系。

(14) 若 X, Y 独立同分布于 $\mathrm{Exp}\left(\dfrac{1}{\theta}\right)$，则 $X + Y \sim \Gamma\left(2, \dfrac{1}{\theta}\right)$。其说明指数分布与伽玛分布的关系。

(15) 若 $X \sim B(\alpha, \beta)$，即贝塔分布，则 $1 - X \sim B(\beta, \alpha)$。其说明贝塔分布间的关系。

(16) 若 $X \sim \chi^2(m), Y \sim \chi^2(n)$，且 X, Y 独立，则 $U = \dfrac{X}{X+Y} \sim B\left(\dfrac{m}{2}, \dfrac{n}{2}\right), V = X + Y \sim \chi^2(n+m)$，且 U, V 独立。说明 χ^2- 分布与贝塔分布的关系。

(17) 若 $T \sim t(n)$，则 $T^2 \sim F(1,n)$。其说明 t- 分布与 F- 分布的关系。另外在一元线性回归模型中关于回归系数的 T- 检验和方差分析（F- 检验）的等价性就源于这一结论。

(18) 随机变量 X 是连续型的，其分布函数 $F(x)$ 是 x 的单调增函数，则 $F(X) \sim U(0,1)$。这一结论是统计 Monte-Carlo 模拟的基础。

2. 随机变量的可加性

(1) 设 $X_1, X_2, \cdots, X_n$ 独立同分布，且分布为两点分布，其参数为 p，则 $\sum\limits_{i=1}^{n} X_i$ 服从二

项分布 $b(n,p)$ 。

(2) 设 $X_1, X_2, \cdots, X_m$ 独立,且 X_i 服从二项分布 $b(n_i, p), i = 1, 2, \cdots, m$,则 $\sum_{i=1}^{m} X_i$ 服从二项分布 $b(n, p)$,其中 $n = \sum_{i=1}^{m} n_i$ 。

(3) 设 $X_1, X_2, \cdots, X_n$ 独立,且 X_i 服从泊松分布,参数为 $\lambda_i, i = 1, 2, \cdots, n$,则 $\sum_{i=1}^{n} X_i$ 服从泊松分布,参数为 λ,其中 $\lambda = \sum_{i=1}^{n} \lambda_i$ 。

(4) 设 $X \sim N(\mu_1, \sigma_1^2)$ 与 $Y \sim N(\mu_2, \sigma_2^2)$ 独立,则 $X + Y \sim N(\mu_1 + \mu_2, \sigma_1^2 + \sigma_2^2)$ 。设 $X \sim LN(\mu_1, \sigma_1^2), Y \sim LN(\mu_2, \sigma_2^2)$,且 X, Y 独立,则 $XY \sim LN(\mu_1 + \mu_2, \sigma_1^2 + \sigma_2^2)$ 。

(5) 设 $X \sim \chi^2(n)$ 与 $Y \sim \chi^2(m)$ 独立,则 $X + Y \sim \chi^2(n + m)$ 。

(6) 设 $X_1, X_2, \cdots, X_n$ 独立, $X_i \sim \Gamma(\alpha_i, \beta), i = 1, 2, \cdots, n$,则 $\sum_{i=1}^{n} X_i \sim \Gamma\left(\sum_{i=1}^{n} \alpha_i, \beta\right)$ 。

二、常用概率分布表

名称	概率分布或概率密度	期望	方差
退化分布 $I(x-c)$	$p_c = 1 (c \text{ 为常数})$	c	0
0-1 分布 (伯努利分布) $b(1, p)$	$p_k = \begin{cases} q, k = 0, \\ p, k = 1, \end{cases}$ $0 < p < 1, q = 1 - p$	p	pq
二项分布 $b(n, p)$	$b(k; n, p) = \binom{n}{k} p^k q^{n-k},$ $k = 0, 1, \cdots, n,$ $0 < p < 1, q = 1 - p$	np	npq
泊松分布 $P(\lambda)$	$p(k; \lambda) = \dfrac{\lambda^k}{k!} e^{-\lambda}, k = 0, 1, 2, \cdots,$ $\lambda > 0$	λ	λ
几何分布 $g(p)$	$g(k; p) = q^{k-1} p,$ $k = 1, 2, \cdots,$ $0 < p < 1, q = 1 - p$	$\dfrac{1}{p}$	$\dfrac{q}{p^2}$

续表

名称	概率分布或概率密度	期望	方差
超几何分布	$$p_k = \dfrac{\binom{M}{k}\binom{N-M}{n-k}}{\binom{N}{n}},$$ $$M \leqslant N, n \leqslant N, k = 0,1,2,\cdots,\min(M,N)$$	$\dfrac{nM}{N}$	$\dfrac{nM}{N} \cdot \left(1 - \dfrac{M}{N}\right) \cdot$ $\dfrac{N-n}{N-1}$
负二项分布	$$p_k = \binom{-r}{k}p^r(-q)^k, k = 0,1,2,\cdots,$$ $$0 < p < 1, q = 1 - p, r > 0$$	$\dfrac{rq}{p}$	$\dfrac{rq}{p^2}$
正态分布 $N(\mu,\sigma^2)$	$$p(x) = \dfrac{1}{\sqrt{2\pi}\sigma}\mathrm{e}^{-\frac{(x-\mu)^2}{2\sigma^2}},$$ $$-\infty < x < \infty, \mu, \sigma > 0$$	μ	σ^2
均匀分布 $U(a,b)$	$$p(x) = \begin{cases} \dfrac{1}{b-a}, & 0 \leqslant x \leqslant b, \\ 0, & \text{其他}, \end{cases}$$ $$a < b$$	$\dfrac{a+b}{2}$	$\dfrac{(b-a)^2}{12}$
指数分布 $E(\lambda)$	$$p(x) = \begin{cases} \lambda\mathrm{e}^{-\lambda x}, & x \geqslant 0, \\ 0, & x < 0, \end{cases}$$ $$\lambda > 0$$	$\dfrac{1}{\lambda}$	$\dfrac{1}{\lambda^2}$
伽玛分布 $\Gamma(r,\lambda)$	$$p(x) = \begin{cases} \dfrac{\lambda^r}{\Gamma(r)}x^{r-1}\mathrm{e}^{-\lambda x}, & x \geqslant 0, \\ 0, & x < 0, \end{cases}$$ $$r > 0, \lambda > 0$$	$r\lambda^{-1}$	$r\lambda^{-2}$
贝塔分布 $B(p,q)$	$$p(x) = \begin{cases} \dfrac{\Gamma(p+q)}{\Gamma(p)\Gamma(q)}x^{p-1}(1-x)^{q-1}, & 0 < x < 1, \\ 0, & \text{其他}, \end{cases}$$ $$p > 0, q > 0$$	$\dfrac{p}{p+q}$	$\dfrac{pq}{(p+q)^2(p+q+1)}$

名称	概率分布或概率密度	期望	方差
χ^2- 分布	$p(x) = \begin{cases} \dfrac{1}{2^{\frac{n}{2}}\Gamma\left(\dfrac{n}{2}\right)}x^{\frac{n}{2}-1}\mathrm{e}^{-\frac{x}{2}},\ x \geqslant 0, \\ 0, \qquad\qquad\quad x < 0, \end{cases}$ n 为正整数	n	$2n$
t- 分布	$p(x) = \dfrac{\Gamma\left(\dfrac{n+1}{2}\right)}{\sqrt{n\pi}\Gamma\left(\dfrac{n}{2}\right)}\left(1+\dfrac{x^2}{n}\right)^{-\frac{n+1}{2}},$ $-\infty < x < +\infty, n$ 为正整数	$0(n>1)$	$\dfrac{n}{n-2}(n>2)$
F- 分布	$p(x) = $ $\begin{cases} \dfrac{\Gamma\left(\dfrac{k_1+k_2}{2}\right)}{\Gamma\left(\dfrac{k_1}{2}\right)\Gamma\left(\dfrac{k_2}{2}\right)}k_1^{\frac{k_1}{2}}k_2^{\frac{k_2}{2}}\dfrac{x^{\frac{k_1}{2}-1}}{(k_2+k_1x)^{\frac{k_1+k_2}{2}}},\ x \geqslant 0, \\ 0, \qquad\qquad\qquad\qquad\qquad\qquad x < 0, \end{cases}$ k_1, k_2 为正整数	$\dfrac{k_2}{k_2-2}$ $(k_2>2)$	$\dfrac{2k_2^2(k_1+k_2-2)}{k_1(k_2-2)^2(k_2-4)}$ $(k_2>4)$
对数正态 分布	$p(x) = \begin{cases} \dfrac{1}{\sigma x\sqrt{2\pi}}\mathrm{e}^{-\frac{(\ln x-a)^2}{2\sigma^2}},\ x > 0, \\ 0, \qquad\qquad\quad x \leqslant 0, \end{cases}$ $a, \sigma > 0$	$\mathrm{e}^{a+\frac{\sigma^2}{2}}$	$\mathrm{e}^{2a+\sigma^2}(\mathrm{e}^{\sigma^2}-1)$
柯西分布	$p(x) = \dfrac{1}{\pi}\cdot\dfrac{\lambda}{\lambda^2+(x-\mu)^2},$ $-\infty < x < +\infty, \lambda > 0, \mu$ 为常数	不存在	不存在
威布尔 分布	$p(x) = \begin{cases} a\lambda x^{a-1}\mathrm{e}^{-\lambda x^a},\ x > 0, \\ 0, \qquad\qquad x \leqslant 0, \end{cases}$ $\lambda > 0, a > 0$	$\Gamma\left(\dfrac{1}{a}+1\right)\lambda^{-\frac{1}{a}}$	$\lambda^{-\frac{2}{a}}\left[\Gamma\left(\dfrac{2}{a}+1\right)-\left(\Gamma\left(\dfrac{1}{a}+1\right)\right)^2\right]$

三、常用概率统计表

1.标准正态分布表

$$\Phi(x) = \int_{-\infty}^{x} \frac{1}{\sqrt{2\pi}} e^{-\frac{t^2}{2}} \mathrm{d}t = P\{X \leqslant x\}(x \geqslant 0)$$

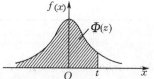

x	0	1	2	3	4	5	6	7	8	9
0.0	0.5000	0.5040	0.5080	0.5120	0.5160	0.5199	0.5239	0.5279	0.5319	0.5359
0.1	0.5398	0.5438	0.5478	0.5517	0.5557	0.5596	0.5636	0.5675	0.5714	0.5753
0.2	0.5793	0.5832	0.5871	0.5910	0.5948	0.5987	0.6026	0.6064	0.6103	0.6141
0.3	0.6179	0.6217	0.6255	0.6293	0.6331	0.6368	0.6406	0.6443	0.6480	0.6517
0.4	0.6554	0.6591	0.6628	0.6664	0.6700	0.6736	0.6772	0.6808	0.6844	0.6879
0.5	0.6915	0.6950	0.6985	0.7019	0.7054	0.7088	0.7123	0.7157	0.7190	0.7224
0.6	0.7257	0.7291	0.7324	0.7357	0.7389	0.7422	0.7454	0.7486	0.7517	0.7549
0.7	0.7580	0.7611	0.7642	0.7673	0.7703	0.7734	0.7764	0.7794	0.7823	0.7852
0.8	0.7881	0.7910	0.7939	0.7967	0.7995	0.8023	0.8051	0.8078	0.8106	0.8133
0.9	0.8159	0.8186	0.8212	0.8238	0.8264	0.8289	0.8315	0.8340	0.8365	0.8389
1.0	0.8413	0.8438	0.8461	0.8485	0.8508	0.8531	0.8554	0.8577	0.8599	0.8621
1.1	0.8643	0.8665	0.8686	0.8708	0.8729	0.8749	0.8770	0.8790	0.8810	0.8830
1.2	0.8849	0.8869	0.8888	0.8907	0.8925	0.8944	0.8962	0.8980	0.8997	0.9015
1.3	0.9032	0.9049	0.9066	0.9082	0.9099	0.9115	0.9131	0.9147	0.9162	0.9177
1.4	0.9192	0.9207	0.9222	0.9236	0.9251	0.9265	0.9278	0.9292	0.9306	0.9319
1.5	0.9332	0.9345	0.9357	0.9370	0.9382	0.9394	0.9406	0.9418	0.9430	0.9441
1.6	0.9452	0.9463	0.9474	0.9484	0.9495	0.9505	0.9515	0.9525	0.9535	0.9545
1.7	0.9554	0.9564	0.9573	0.9582	0.9591	0.9599	0.9608	0.9616	0.9625	0.9633
1.8	0.9641	0.9648	0.9656	0.9664	0.9671	0.9678	0.9686	0.9693	0.9700	0.9706
1.9	0.9713	0.9719	0.9726	0.9732	0.9738	0.9744	0.9750	0.9756	0.9762	0.9767
2.0	0.9772	0.9778	0.9783	0.9788	0.9793	0.9798	0.9803	0.9808	0.9812	0.9817
2.1	0.9821	0.9826	0.9830	0.9834	0.9838	0.9842	0.9846	0.9850	0.9854	0.9857
2.2	0.9861	0.9864	0.9868	0.9871	0.9874	0.9878	0.9881	0.9884	0.9887	0.9890
2.3	0.9893	0.9896	0.9898	0.9901	0.9904	0.9906	0.9909	0.9911	0.9913	0.9916
2.4	0.9918	0.9920	0.9922	0.9925	0.9927	0.9929	0.9931	0.9932	0.9934	0.9936
2.5	0.9938	0.9940	0.9941	0.9943	0.9945	0.9946	0.9948	0.9949	0.9951	0.9952
2.6	0.9953	0.9955	0.9956	0.9957	0.9959	0.9960	0.9961	0.9962	0.9963	0.9964
2.7	0.9965	0.9966	0.9967	0.9968	0.9969	0.9970	0.9971	0.9972	0.9973	0.9974
2.8	0.9974	0.9975	0.9976	0.9977	0.9977	0.9978	0.9979	0.9979	0.9980	0.9981
2.9	0.9981	0.9982	0.9982	0.9983	0.9984	0.9984	0.9985	0.9985	0.9986	0.9986
3.0	0.9987	0.9990	0.9993	0.9995	0.9997	0.9998	0.9998	0.9999	0.9999	1.0000

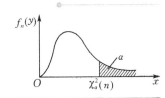

2. χ^2 - 分布表

$$P\{\chi^2(n) > \chi_\alpha^2(n)\} = \alpha$$

n	$\alpha = 0.995$	0.99	0.975	0.95	0.90	0.75
1	—	—	0.001	0.004	0.016	0.102
2	0.010	0.020	0.051	0.103	0.211	0.575
3	0.072	0.115	0.216	0.352	0.584	1.213
4	0.207	0.297	0.484	0.711	1.064	1.923
5	0.412	0.554	0.831	1.145	1.610	2.675
6	0.676	0.872	1.237	1.635	2.204	3.455
7	0.989	1.239	1.690	2.167	2.833	4.255
8	1.344	1.646	2.180	2.733	3.490	5.071
9	1.735	2.088	2.700	3.325	4.168	5.899
10	2.156	2.558	3.247	3.940	4.865	6.737
11	2.603	3.053	3.816	4.575	5.578	7.584
12	3.074	3.571	4.404	5.226	6.304	8.438
13	3.565	4.107	5.009	5.892	7.042	9.299
14	4.075	4.660	5.629	6.571	7.790	10.165
15	4.601	5.229	6.262	7.261	8.547	11.037
16	5.142	5.812	6.908	7.962	9.312	11.912
17	5.697	6.408	7.564	8.672	10.085	12.792
18	6.265	7.015	8.231	9.390	10.865	13.675
19	6.884	7.633	8.907	10.117	11.651	14.562
20	7.434	8.260	9.591	10.851	12.443	15.452
21	8.034	8.897	10.283	11.591	13.240	16.344
22	8.643	9.542	10.982	12.338	14.042	17.240
23	9.260	10.196	11.689	13.091	14.848	18.137
24	9.886	10.856	12.401	13.848	15.659	19.037
25	10.520	11.524	13.120	14.611	16.473	19.939
26	11.160	12.198	13.844	15.379	17.292	20.843
27	11.808	12.879	14.573	16.151	18.114	21.749
28	12.461	13.565	15.308	16.928	18.939	22.657
29	13.121	14.257	16.047	17.708	19.768	23.567
30	13.787	14.954	16.791	18.493	20.599	24.478
31	14.458	15.655	17.539	19.281	21.431	25.390
32	15.131	16.362	18.291	20.072	22.271	26.304
33	15.815	17.074	19.047	20.867	23.110	27.219
34	16.501	17.789	19.806	21.664	23.952	27.136
35	17.192	18.509	20.569	22.465	24.797	29.054
36	17.887	19.233	21.336	23.269	25.643	29.973
37	18.586	19.960	22.106	24.075	26.492	30.893
38	19.289	20.691	22.878	24.884	27.343	31.815
39	19.996	21.426	23.654	25.695	28.196	32.737
40	20.707	22.164	24.433	26.509	29.051	33.660
41	21.421	22.906	25.215	27.326	29.907	34.585
42	22.138	23.650	25.999	28.144	30.765	35.510
43	22.859	24.398	26.785	28.965	31.625	36.436
44	23.584	25.148	27.575	29.787	32.487	37.363
45	24.311	25.901	28.366	30.612	33.350	38.291

n	$\alpha = 0.25$	0.10	0.05	0.025	0.01	0.005
1	1.323	2.706	3.841	5.024	6.635	7.879
2	2.773	4.605	5.991	7.378	9.210	10.597
3	4.108	6.251	7.815	9.348	11.345	12.838
4	5.385	7.779	9.488	11.143	13.277	14.860
5	6.626	9.236	11.071	12.833	15.086	16.750
6	7.841	10.645	12.592	14.449	16.812	18.548
7	9.037	12.017	14.067	16.013	18.475	20.278
8	10.219	13.362	15.507	17.535	20.090	21.995
9	11.389	14.684	16.919	19.023	21.666	23.589
10	12.549	15.987	18.307	20.483	23.209	25.188
11	13.701	17.275	19.675	21.920	24.725	26.757
12	14.845	18.549	21.026	23.337	26.217	28.299
13	15.984	19.812	22.362	24.736	27.688	29.819
14	17.117	21.064	23.685	26.119	29.141	31.319
15	18.245	22.307	24.996	27.488	30.578	32.801
16	19.369	23.542	26.296	28.845	32.000	34.267
17	20.489	24.769	27.587	30.191	33.409	35.718
18	21.605	25.989	28.869	31.526	34.805	37.156
19	22.718	27.204	30.144	32.852	36.191	38.582
20	23.828	28.412	31.410	34.170	37.566	39.997
21	24.935	29.615	32.671	35.479	38.932	41.401
22	26.039	30.813	33.924	36.781	40.289	42.796
23	27.141	32.007	35.172	38.076	41.638	44.181
24	28.241	33.196	36.415	39.364	42.980	45.559
25	29.339	34.382	37.652	40.646	44.314	46.928
26	30.435	35.563	38.885	41.923	45.642	48.290
27	31.528	36.741	40.113	43.194	46.963	49.645
28	32.620	37.916	41.337	44.461	48.273	50.993
29	33.711	39.087	42.557	45.722	49.588	52.336
30	34.800	40.256	43.773	46.979	50.892	53.672
31	35.887	41.422	44.985	48.232	52.191	55.003
32	36.973	42.585	46.194	49.480	53.486	56.328
33	38.058	43.745	47.400	50.725	54.776	57.648
34	39.141	44.903	48.602	51.966	56.061	58.964
35	40.233	46.059	49.802	53.203	57.342	60.275
36	41.304	47.212	50.998	54.437	58.619	61.581
37	42.383	48.363	52.192	55.668	59.892	62.883
38	43.462	49.513	53.384	56.896	61.162	64.181
39	44.539	50.660	54.572	58.120	62.428	65.476
40	45.616	51.805	55.758	59.342	63.691	66.766
41	46.692	52.949	56.942	60.561	64.950	68.053
42	47.766	54.090	58.124	61.777	66.206	69.336
43	48.840	55.230	59.304	62.990	67.459	70.616
44	49.913	56.369	60.481	64.201	68.710	71.393
45	50.985	57.505	61.656	65.410	69.957	73.166

3. t- 分布表

$$P\{t(n) > t_a(n)\} = \alpha$$

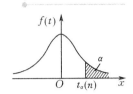

n	$\alpha=0.25$	0.10	0.05	0.025	0.01	0.005
1	1.0000	3.0777	6.3138	12.7062	31.8207	63.6574
2	0.8165	1.8856	2.9200	4.3037	6.9646	9.9248
3	0.7649	1.6377	2.3534	3.1824	4.5407	5.8409
4	0.7407	1.5332	2.1318	2.7764	3.7469	4.6041
5	0.7267	1.4759	2.0150	2.5706	3.3649	4.0322
6	0.7176	1.4398	1.9432	2.4469	3.1427	3.7074
7	0.7111	1.4149	1.8946	2.3646	2.9980	3.4995
8	0.7064	1.3968	1.8595	2.3060	2.8965	3.3554
9	0.7027	1.3830	1.8331	2.2622	2.8214	3.2498
10	0.6998	1.3722	1.8125	2.2281	2.7638	3.1693
11	0.6974	1.3634	1.7959	2.2010	2.7181	3.1058
12	0.6955	1.3562	1.7823	2.1788	2.6810	3.0545
13	0.6938	1.3502	1.7709	2.1604	2.6503	3.0123
14	0.6924	1.3450	1.7613	2.1448	2.6245	2.9768
15	0.6912	1.3406	1.7531	2.1315	2.6025	2.9467
16	0.6901	1.3368	1.7459	2.1199	2.5835	2.9208
17	0.6892	1.3334	1.7396	2.1098	2.5669	2.8982
18	0.6884	1.3304	1.7341	2.1009	2.5524	2.8784
19	0.6876	1.3277	1.7291	2.0930	2.5395	2.8609
20	0.6870	1.3253	1.7247	2.0860	2.5280	2.8453
21	0.6864	1.3232	1.7207	2.0796	2.5177	2.8314
22	0.6858	1.3212	1.7171	2.0739	2.5083	2.8188
23	0.6853	1.3195	1.7139	2.0687	2.4999	2.8073
24	0.6848	1.3178	1.7109	2.0639	2.4922	2.7969
25	0.6844	1.3163	1.7108	2.0595	2.4851	2.7874
26	0.6840	1.3150	1.7056	2.0555	2.4786	2.7787
27	0.6837	1.3137	1.7033	2.0518	2.4727	2.7707
28	0.6834	1.3125	1.7011	2.0484	2.4671	2.7633
29	0.6830	1.3114	1.6991	2.0452	2.4620	2.7564
30	0.6828	1.3104	1.6973	2.0423	2.4573	2.7500
31	0.6825	1.3095	1.6955	2.0395	2.4528	2.7440
32	0.6822	1.3086	1.6939	2.0369	2.4487	2.7385
33	0.6820	1.3077	1.6924	2.0345	2.4448	2.7333
34	0.6818	1.3070	1.6909	2.0322	2.4411	2.7284
35	0.6816	1.3062	1.6896	2.0301	2.4377	2.7238
36	0.6814	1.3055	1.6883	2.0281	2.4345	2.7195
37	0.6812	1.3049	1.6871	2.0262	2.4314	2.7154
38	0.6810	1.3042	1.6860	2.0244	2.4286	2.7116
39	0.6808	1.3036	1.6849	2.0227	2.4258	2.7079
40	0.6807	1.3031	1.6839	2.0211	2.4233	2.7045
41	0.6805	1.3025	1.6829	2.0195	2.4208	2.7012
42	0.6804	1.3020	1.6820	2.0181	2.4185	2.6981
43	0.6802	1.3016	1.6811	2.0167	2.4163	2.6951
44	0.6801	1.3011	1.6802	2.0154	2.4141	2.6923
45	0.6800	1.3006	1.6794	2.0141	2.4121	2.6896

4. F- 分布表

$$P\{F(n_1, n_2) > F_\alpha(n_1, n_2)\} = \alpha$$

$$\alpha = 0.05$$

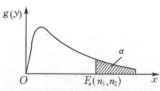

n_2 \ n_1	1	2	3	4	5	6	7	8	9
1	161.40	199.50	215.70	224.60	230.20	234.00	236.80	238.90	240.50
2	18.51	19.00	19.16	19.25	19.30	19.33	19.35	19.37	19.38
3	10.13	9.55	9.28	9.12	9.90	8.94	8.89	8.85	8.81
4	7.71	6.94	6.59	6.39	6.26	6.16	6.09	6.04	6.00
5	6.61	5.79	5.41	5.19	5.05	4.95	4.88	4.82	4.77
6	5.99	5.14	4.76	4.53	4.39	4.28	4.21	4.15	4.10
7	5.59	4.74	4.35	4.12	3.97	3.87	3.79	3.73	3.68
8	5.32	4.46	4.07	3.84	3.69	3.58	3.50	3.44	3.39
9	5.12	4.26	3.86	3.63	3.48	3.37	3.29	3.23	3.18
10	4.96	4.10	3.71	3.48	3.33	3.22	3.14	3.07	3.02
11	4.84	3.98	3.59	3.36	3.20	3.09	3.01	2.95	2.90
12	4.75	3.89	3.49	3.26	3.11	3.00	2.91	2.85	2.80
13	4.67	3.81	3.41	3.18	3.03	2.92	2.83	2.77	2.71
14	4.60	3.74	3.34	3.11	2.96	2.85	2.76	2.70	2.65
15	4.54	3.68	3.29	3.06	2.90	2.79	2.71	2.64	2.59
16	4.49	3.63	3.24	3.01	2.85	2.74	2.66	2.59	2.54
17	4.45	3.59	3.20	2.96	2.81	2.70	2.61	2.55	2.49
18	4.41	3.55	3.16	2.93	2.77	2.66	2.58	2.51	2.46
19	4.38	3.52	3.13	2.90	2.74	2.63	2.54	2.48	2.42
20	4.35	3.49	3.10	2.87	2.71	2.60	2.51	2.45	2.39
21	4.32	3.47	3.07	2.84	2.68	2.57	2.49	2.42	2.37
22	4.30	3.44	3.05	2.82	2.66	2.55	2.46	2.40	2.34
23	4.28	3.42	3.03	2.80	2.64	2.53	2.44	2.37	2.32
24	4.26	3.40	3.01	2.78	2.62	2.51	2.42	2.36	2.30
25	4.24	3.39	2.99	2.76	2.60	2.49	2.40	2.34	2.28
26	4.23	3.37	2.98	2.74	2.59	2.47	2.39	2.32	2.27
27	4.21	3.35	2.96	2.73	2.57	2.46	2.37	2.31	2.25
28	4.20	3.34	2.95	2.71	2.56	2.45	2.36	2.29	2.24
29	4.18	3.33	2.93	2.70	2.55	2.43	2.35	2.28	2.22
30	4.17	3.32	2.92	2.69	2.53	2.42	2.33	2.27	2.21
40	4.08	3.23	2.84	2.61	2.45	2.34	2.25	2.18	2.12
60	4.00	3.15	2.76	2.53	2.37	2.25	2.17	2.10	2.04
120	3.92	3.07	2.68	2.45	2.29	2.17	2.09	2.02	1.96
∞	3.84	3.00	2.60	2.37	2.21	2.10	2.01	1.94	1.88

n_2 \ n_1	10	12	15	20	24	30	40	60	120	∞
1	241.90	243.90	245.90	248.00	249.10	250.10	251.10	252.20	253.30	254.30
2	19.40	19.41	19.43	19.45	19.45	19.46	19.47	19.48	19.49	19.50
3	8.79	8.74	8.70	8.66	8.64	8.62	8.59	8.57	8.55	8.53
4	5.96	5.91	5.86	5.80	5.77	5.75	5.72	5.69	5.66	5.63
5	4.74	4.68	4.62	4.56	4.53	4.50	4.46	4.43	4.40	4.36
6	4.06	4.00	3.94	3.87	3.84	3.81	3.77	3.74	3.70	3.67
7	3.64	3.57	3.51	3.44	3.41	3.38	3.34	3.30	3.27	3.23
8	3.35	3.28	3.22	3.15	3.12	3.08	3.04	3.01	2.97	2.93
9	3.14	3.07	3.01	2.94	2.90	2.86	2.83	2.79	2.75	2.71
10	2.98	2.91	2.85	2.77	2.74	2.70	2.66	2.62	2.58	2.54
11	2.85	2.79	2.72	2.65	2.61	2.57	2.53	2.49	2.45	2.40
12	2.75	2.69	2.62	2.54	2.51	2.47	2.43	2.38	2.34	2.30
13	2.67	2.60	2.53	2.46	2.42	2.38	2.34	2.30	2.25	2.21
14	2.60	2.53	2.46	2.39	2.35	2.31	2.27	2.22	2.18	2.13
15	2.54	2.48	2.40	2.33	2.29	2.25	2.20	2.16	2.11	2.07
16	2.49	2.42	2.35	2.28	2.24	2.19	2.15	2.11	2.06	2.01
17	2.45	2.38	2.31	2.23	2.19	2.15	2.10	2.06	2.01	1.96
18	2.41	2.34	2.27	2.19	2.15	2.11	2.06	2.02	1.97	1.92
19	2.38	2.31	2.23	2.16	2.11	2.07	2.03	1.98	1.93	1.88
20	2.35	2.28	2.20	2.12	2.08	2.04	1.99	1.95	1.90	1.84
21	2.32	2.25	2.18	2.10	2.05	2.01	1.96	1.92	1.87	1.81
22	2.30	2.23	2.15	2.07	2.03	1.98	1.94	1.89	1.84	1.78
23	2.27	2.20	2.13	2.05	2.01	1.96	1.91	1.86	1.81	1.76
24	2.25	2.18	2.11	2.03	1.98	1.94	1.89	1.84	1.79	1.73
25	2.24	2.16	2.09	2.01	1.96	1.92	1.87	1.82	1.77	1.71
26	2.22	2.15	1.07	1.99	1.95	1.90	1.85	1.80	1.75	1.69
27	2.20	2.13	1.06	1.97	1.93	1.88	1.84	1.79	1.73	1.67
28	2.19	2.12	1.04	1.96	1.91	1.87	1.82	1.77	1.71	1.65
29	2.18	2.10	1.03	1.94	1.90	1.85	1.81	1.75	1.70	1.64
30	2.16	2.09	2.01	1.93	1.89	1.84	1.79	1.74	1.68	1.62
40	2.08	2.00	1.92	1.84	1.79	1.74	1.69	1.64	1.58	1.51
60	1.99	1.92	1.84	1.75	1.70	1.65	1.59	1.53	1.47	1.39
120	1.91	1.83	1.75	1.66	1.61	1.55	1.50	1.43	1.35	1.25
∞	1.83	1.75	1.67	1.57	1.52	1.46	1.39	1.32	1.22	1.00

5. 泊松分布 $P(\xi = k) = \dfrac{\lambda^k}{k!} e^{-\lambda}$ 的数值表

$(k = 0, 1, 2, \cdots)$

k \ λ	0.1	0.2	0.3	0.4	0.5	0.6
0	0.904837	0.818731	0.740818	0.670320	0.606531	0.548812
1	0.090484	0.163746	0.222245	0.268128	0.303265	0.329287
2	0.004524	0.016375	0.033337	0.053626	0.075816	0.098786
3	0.000151	0.001092	0.003334	0.007150	0.012636	0.019757
4	0.000004	0.000055	0.000250	0.000715	0.001580	0.002964
5	—	0.00002	0.000005	0.000057	0.000158	0.000356
6	—	—	0.000001	0.000004	0.000013	0.00036
7	—	—	—	—	0.000001	0.00003

k \ λ	0.7	0.8	0.9	1.0	2.0	3.0
0	0.496585	0.449329	0.406570	0.367879	0.135335	0.049787
1	0.347610	0.359463	0.365913	0.367879	0.270671	0.149361
2	0.121663	0.143785	0.164661	0.183940	0.270671	0.224042
3	0.028388	0.038343	0.049398	0.061313	0.180447	0.224042
4	0.004968	0.007669	0.011115	0.015328	0.090224	0.168031
5	0.000696	0.001227	0.002001	0.003066	0.036089	0.100819
6	0.000081	0.000164	0.000300	0.000511	0.012030	0.050409
7	0.000008	0.000019	0.000039	0.000073	0.003437	0.021604
8	0.000001	0.000002	0.000004	0.000009	0.000859	0.008102
9	—	—	—	0.000001	0.000191	0.002701
10	—	—	—	—	0.000038	0.000810
11	—	—	—	—	0.000007	0.000221
12	—	—	—	—	0.000001	0.000055
13	—	—	—	—	—	0.000013
14	—	—	—	—	—	0.000003
15	—	—	—	—	—	0.000001

k \ λ	4.0	5.0	6.0	7.0	8.0	9.0
0	0.018316	0.006738	0.002479	0.000912	0.000335	0.000123
1	0.073263	0.033690	0.014873	0.006383	0.002684	0.001111
2	0.146525	0.084224	0.044618	0.022341	0.010735	0.004998
3	0.195367	0.140374	0.089235	0.052129	0.028626	0.014994
4	0.195367	0.175467	0.133853	0.091226	0.057252	0.033737
5	0.156293	0.175467	0.160623	0.127717	0.091604	0.060727
6	0.104196	0.146223	0.160623	0.149003	0.122138	0.091090
7	0.059540	0.104445	0.137677	0.149003	0.139587	0.117116
8	0.029770	0.065278	0.103258	0.130377	0.139587	0.131756
9	0.013231	0.036266	0.068838	0.101405	0.124077	0.131756
10	0.005292	0.018133	0.041303	0.070983	0.099262	0.118580
11	0.001925	0.008242	0.022529	0.045171	0.072190	0.097020
12	0.000642	0.003434	0.011264	0.026350	0.048127	0.072765
13	0.000197	0.001321	0.005199	0.014188	0.029616	0.050376
14	0.000056	0.000472	0.002228	0.007094	0.016924	0.032384
15	0.000015	0.000157	0.000891	0.003311	0.009026	0.019431
16	0.000004	0.000049	0.000334	0.001448	0.004513	0.010930
17	0.000001	0.000014	0.000118	0.000596	0.002124	0.005786
18	—	0.000004	0.000039	0.000232	0.000944	0.002893
19	—	0.000001	0.000012	0.000085	0.000397	0.001370
20	—	—	0.000004	0.000030	0.000159	0.000617
21	—	—	0.000001	0.000010	0.000061	0.000264
22	—	—	—	0.000003	0.000022	0.000108
23	—	—	—	0.000001	0.000008	0.000042
24	—	—	—	—	0.000003	0.000016
25	—	—	—	—	0.000001	0.000006
26	—	—	—	—	—	0.000002
27	—	—	—	—	—	0.000001

参考文献

[1] 盛骤,谢式千,潘承毅. 概率论与数理统计[M]. 3 版. 北京:高等教育出版社,2006.

[2] 茆诗松,程依明,濮晓龙. 概率论与数理统计教程[M]. 北京:高等教育出版社,2004.

[3] 王松佳,张忠占,程维虎,等. 概率论与数理统计[M]. 北京:科学出版社,2004.

[4] 刘次华. 概率论与数理统计[M]. 3 版. 北京:高等教育出版社,2008.

[5] 韩旭里. 概率论与数理统计[M]. 3 版. 北京:科学出版社,2013.

[6] 魏振军. 概率论与数理统计三十三讲[M]. 3 版. 北京:中国统计出版社,2005.

[7] 沈恒范. 概率论与数理统计教程[M]. 4 版. 北京:高等教育出版社,2003.